WHOLE

How I Learned to Fill the Fragments of My Life with Forgiveness, Hope, Strength, and Creativity

爱的重建

〔美〕梅丽莎·摩尔 〔美〕米歇尔·马特里西阿尼◎著

郑毓岑◎译

中国友谊出版公司

图书在版编目（CIP）数据

爱的重建 / (美) 梅丽莎·摩尔，(美) 米歇尔·马特里西阿尼著；郑毓岑译. -- 北京：中国友谊出版公司，2018.4

书名原文：WHOLE: How I Learned to Fill the Fragments of My Life with Forgiveness, Hope, Strength, and Creativity

ISBN 978-7-5057-4214-7

Ⅰ. ①爱… Ⅱ. ①梅… ②米… ③郑… Ⅲ. ①变态心理学-研究 Ⅳ. ①B846

中国版本图书馆 CIP 数据核字(2017)第 250419 号

著作权合同登记　图字：01-2017-8096

书名　爱的重建

作者　［美］梅丽莎·摩尔　［美］米歇尔·马特里西阿尼

译者　郑毓岑

出版　中国友谊出版公司

发行　中国友谊出版公司

经销　新华书店

印刷　大厂回族自治县益利印刷有限公司

装订　大厂回族自治县益佳装订有限公司

规格　880×1230 毫米　32 开

10 印张　220 千字

版次　2018 年 4 月第 1 版

印次　2018 年 4 月第 1 次印刷

书号　ISBN 978-7-5057-4214-7

定价　45.00 元

地址　北京市朝阳区西坝河南里 17 号楼

邮编　100028

电话　(010)64668676

目　　录

开启心智——积极扩展

运用多种能力——勇敢的行为

引　言

我是一名连环杀人犯的女儿。不管从哪个角度来看，我人生的前二十年都过得糟糕透顶。我所承受的痛苦、内疚和羞耻甚至超出了父亲给我带来的负面影响。那段时间，他的名字出现在全国的新闻里，他诡秘的笑脸被印在信件上，寄到那些追查疯狂杀手的侦探们手中。这些人后来才发现，这一切屠杀行为并非因金钱、贪婪、嫉妒或激情所驱使。所有的谋杀看起来都没有明确动机，林间小路发现的一具具女尸也没能帮助侦探们找到受害者的共性。我父亲最终被捕完全是因为他的自我暴露。警方当时拘捕了错误的对象，父亲对此无法忍受，给警方写信来寻求关注。倘若他当时没有被自己的骄傲出卖，谁知道现在会是什么样呢？他可能还在开着卡车跑长途，偶尔顺道来我家，见见外孙们，像那些和蔼的祖父一样揉乱他们的头发，和我们在一张桌上用餐，谈笑间扭断面包棍，一如他扭断受害女性脖颈那般随意。

在人生的某一时刻，眼见孩子们日益长大，长辈们新添白发，我意识到生命转瞬即逝。曾经还在我怀抱中的婴孩，如今已长成翩翩少年。曾经我还是一个小女孩，如今我甚至不记得该如何玩孩童的游戏。

光阴飞逝，而我却花了太多时间沉浸在自我厌弃中：为了填补空虚而暴饮暴食，为了不感到内疚而自我放逐，由于无端的焦虑而牺牲睡眠，为寻求安慰而偶尔参加宗教活动，并一直相信以上这些已然是生活的全貌。然而紧接着就到了我生命的那个节点，我们可以称之为中年，或简言之就是一个关键瞬间，此时你发现人生归根结底就在于选择。我可以选择仇恨，选择破坏自己的亲密关系，并继续生活在错误的身份中，而这个身份是由一些标签、旁人的观点、恐惧、绝望、自责和一种想为他人的罪行忏悔并受苦的非理性需要所组成的。也许除此之外，我可以有不同的选择。

许多治疗师和专家常常告诫我，不应再把“知名连环杀人犯的女儿”作为我的身份。我采访的一位著名学者认为这种身份具有危险性。他劝我做好我自己，开始新的生活。但今日之我，是昨日之我所成就的。正是过去的经历让我有勇气在电视上采访那些可怕罪行的受害者和他们所爱之人，并成为那些苦痛幸存者的代言人。但有些人并不了解我，也不了解我为暴行幸存者及家属所做的工作，他们认为我是在利用父亲的罪行骗取知名度。

但倘若我选择快乐，又会是什么情况呢？如果我选择每一天醒来后就只是追随那些生命中的美好事物而非沉浸于丑恶之中，又会是何等光景？我们在世上的时间是如此有限，真的领悟生命的短暂其实是一种幸事。终于有一天，我察觉到自己正在虚度本就无多的时间，决定开始行动。

那么问题来了，我需要做些什么？这包括一系列的行为——虽然它们并未镌刻在某个石碑上，但确实是一些生活的信条。长期以来，我始终不愿意正视自己的一些遭遇（这些经历将会在之后的章节中详述)。而那些被我忽视的，正是成为一个完整的人必不可少的部分。当时，无论是在生理上、心理上还是精神上，我拒绝一切可供疗愈的“灵药”——它们是生活中隐秘而复杂的方方面面：希望、恐惧、意识，以及一些生活日常：天性、同情、宽恕和爱。它们是如此近在眼前，以至于我们反倒对其视而不见。尤其是爱，我们关注的太少。

当我开始认同生活本身的这段旅程时，我本以为自己将经历一场治愈和转变，但最终发现，这实际上是一个不断发掘内心更深刻一面的过程。这意味着热爱自己、宽恕自己、保持内心平静，使你能够有充分的自信去追随自认为正确的道路，并有足够的勇气去面对选错路的可能。当你决定改变航线时，若能保持对自身的觉察，可助你避免自我责备、深陷泥沼，得到他人的帮助和机会的垂青，从而使你对这次改变更具信心并拥有更全面的认识。

所以这一切意味着什么呢？这场旅程从哪里开始？当你意识到自己从生活的广漠中渐渐苏醒，踌躇于此地和彼岸之间；当你承认自己的生活并不是自己想要的那样时，旅程就已经开始了。这段旅程的意义，就是面对恐惧——当你脑中被声音环绕，就算你试图捂住双耳，就算你尖叫着呼喊“求求你快停下”，声音也只是越发刺耳；就是战胜在你脑中作怪的恶鬼——他们最爱的莫过于在你过马路时让你突然怀疑起自己，反复追问自己知不知道如何过街以至于你寸步难行直到被车撞倒；就是当你感到内疚，尤其是陷入无缘无故的自我厌恶时，你会原谅自己；就是试图原谅自己和那些伤害你们的人，不再被先前所经历的痛苦左右现在的生活。

我要告诉你们的，是如何去告别这种被忽视的状态，从而走向光明；是要心存希望，我们对那些梦想嗤之以鼻，只是因为对其缺乏了解；是不论我们的智商是60还是160，如何利用我们与生俱来的内在资源；是支持我们去了解在苦难亲历者这一身份之外的自己，包括其他人给你甚至是你给自己设下的局限；是学会有技巧、有创造力地生活，学会与自然相伴。

我知道这听上去似乎就是一堆废话，但我们这个社会真的沦落到这个地步了吗？人们更倾向于相信积极、乐观、自爱这些概念不过是废话，只是愚蠢的行为？这也太可悲了。也难怪我们总是那么悲伤。

我已经耗费了经年累月的时间沉浸在对过去的羞愧和恐慌之中，如今我决定不再悲伤。我不想再在凝视着自己孩子们的双眼时感受不到纯粹的喜悦。怎么会这样呢？在我一生中，就我所知，没有比对孩子的爱更单纯更强大的了，但我总是感觉缺失了什么。如今我总算明白以前缺失的是什么了。是爱，自爱。缺了它，我就不是完整的。正是因此，我开始了我的旅程。

我从2008年起给菲尔（Phil）医生写信，并开始参与他的“现实避难所”（Get Real Retreat）项目。

我相信由于我父亲及其所作所为，我已经不是一个完整的自我。因为我是一个邪恶、残暴、病态的捕食者和杀人犯所生，因为我身穿慈善商店的廉价衣物，险些无家可归，住在一个勤奋工作但冷漠无情的家庭中，在他们的“指导”下生活。我和我的继父一起住。他是一个暴君，对我进行身体和感情上的双重虐待。

倘若我们这些孩子中有人喝了太多果汁，他便会把怒火发泄在妈妈身上，把她丢到房间的另一头。而这种果汁，恰恰是我父亲在他犯案后的一次偶然造访时买给我们喝的。就在几天前，他将那些受害的女性强奸、勒死，并弃置于太平洋西北部这个最美丽的荒野保护区中。

我认为我是不完整的，因为我没有信仰、不了解上帝。我最初就不是一个好的天主教徒，后来也并非一个好的摩门教徒，之后又成了一个糟糕的基督徒，最后干脆在是否信奉上帝之间徘徊。在我的固有偏见中，这些理由足以证明一个人的不完整。

不论是什么原因引导你翻开这本书，你会发现人们是多么容易陷入这样一个状态：尽管有些糟糕的事并不是你能控制的，却仍旧会以它来定义自己、认为自己毫无价值。其实这些标签并不真实，因为它们并不能代表你。希望在合上此书时，你能够开始摆脱这些标签，注意到心中的自爱，认出自身想要去发展的部分，发现新的方法或是提升内心的觉察力，帮助自己全心全意地迎接新的一天。

我和我的朋友米歇尔·马特里西阿尼（Michele Matrisciani）合作，在过去的两年间，我们进行了许多激情洋溢的讨论，分享彼此对一些人的尊敬和赞赏，他们之中有作家、专家学者以及一些曾与羞耻和伤痛相伴但最终学会克服的普通人。这一切汇集成了这本书。书中介绍的第一个人物是梅丽莎·摩尔（Melissa Moore），就是我自己，因为这是源于我生活的核心故事。全书中，我们使用“风暴（storm）”一词代表那些痛苦的经历和挑战，也正是它们引领着你前来阅读此书。我们经历的风暴为我们的故事拓展了叙事的深度、赋予完整的情境、表达真实的人性并增添了丰富的内容。其实直到我开始撰写回忆录《打破沉默》（*Shattered Silence*）的时候，我才真正停下来，回顾自己不错的表现并自我勉励。而此前我并未注意到这些经历。撰写此书的过程也是对过去的一次回顾，面对过去所做的判断、所采取行动中的错误，我也有过畏缩。然而我们所经历的这场风暴已然是我们的一部分，是它们将我们引领至此，然后也平息于此。风暴的作用只是提供了一些关键的背景信息，换而言之，它就像是传奇故事的前传，告诉我们邪恶的女巫在最初是如何变坏的。这些原因各不相同，但毫无疑问，最终做出选择的是她自己。

——

纵览全书，你会看到有些类似于“根据”“他说”“她告诉我”“研究表明”之类的短语。我尽己所能通过原始访谈和无数的阅读材料将专家意见进行整合。通过这个方式，我学会了将创伤经历重塑成一次疗愈的过程。在这个过程中，我学会自爱、获得强烈的完整感。这个过程并非完美，但这是非常个人化的自我应对方式，我希望你能从中获得共鸣。无论如何，书中讨论的一些内容可能并不完全契合你的个人情况，有些话为时过早、另一些则可能为时已晚。但我希望无论你是在哪个阶段、有怎样的经历，你仍能从本书的观点中得到安慰、获取力量。

——

感谢所有为本书接受访谈以及提供有益思路的作家、研究者、治疗师和专家们：汤姆·拉特里奇（Thom Rutledge）；大卫·沃尔普拉比（ Rabbi David Wolpe)；帕特·洛芙（Pat Love)；

弗雷德·勒思金（Fred Luskin）；安东尼·肖力（Anthony Scioli）；巴里·维塞尔（Barry Vissell）；乔爱思·维塞尔（Joyce Vissell）；丹尼尔·瑞欧斯（Daniel Rios）；玛丽萨·米努托里（Marisa Minutoli）；帕特·隆格（Pat Longo）和娜塔莎·夏皮罗（Natasha Shapiro）。感谢和我们分享痛苦经历和疗愈过程的人们，你们都很勇敢。我试图将这些资料集结并通过某种方式整合在一起，就如我当年那样，学会重塑自身痛苦经历、在自我世界中构筑意义并在其中找到了更好的所在。书中这些观点应用在我身上效果卓然。这些观点可能并不全面，我只是想创造一个机会，邀请你了解一些之前可能没有接触过的想法，对其中让你有所触动的理念，你可进一步去了解。

你即将翻开正式的篇章，我希望你能选择去观察、去治愈，保持开放的心态，利用这些资源进行自我提升。

祝愿你能成为完整的自己。

观看风暴
——不作为的智慧

你是天空，其他的一切仅仅是天气而已。

——佩玛·丘卓（Pema Chödrön）[①]

① 佩玛·丘卓，藏传佛教导师，创巴仁波切最杰出的大弟子之一，西藏金刚乘比丘尼，北美第一座藏密修道院甘波修道院院长，著有《当生命陷落时》（*When Things Fall Apart：Heart Advice for Diffcult Times*）、《转逆境为喜悦》（*The Places That Scare You a Guide to Fearlessness in Difficult Times*）、《与无常共处》（*Comfortable with Uncertainty：108 Teachings*）、《生命不再等待》（*No Time to Lose*）等颇有影响力的著作。

这一章的内容包括：

准备和思考

不接纳的结果

创伤：这是一个家庭问题

无为的“自然性”

心如明镜：无为的结果

你遭遇的风暴使你独一无二

接纳的心态

评估风暴的状态

将情绪作为指南

你就在这里：正念的课程

你并非风暴

寻找方法，强化力量

在电影《天地大冲撞》(*Deep Impact*)中，彗星撞击地球所引发的海啸摧毁了整个北美大陆。世界陷入一片混乱。一对父女明白自己不可能成功进入山中避难，于是决定前往海边，过去他们在那里留下了许多美好回忆。在这段同死亡和解的残酷过程中，女孩将头埋进父亲的衣领，哭喊着“爸爸”。她很害怕，但还是抬起头、望向风暴。她的父亲此前从未如此关注过女儿，也从未如此守护在她身边，此时他闭上双眼，将她抱在怀里轻轻摇晃。

镜头切换到下一个场景，人们都在求生本能的驱使下尖叫着、呼喊着，四处奔跑，妄图逃离这场不可避免的灾难。在这混乱的街道中，一对中年夫妇停止了这种漫无目的的奔逃，用他们所剩不多的时间凝视对方的双眼，将这饱含力量和爱的难忘画面作为最后的馈赠铭记在心。

当灾难不可避免时，那些试图逃离的人们是否浪费了所剩无几的时间？他们遭受损失的同时是否又有别的收获？与现状抗争，是否真的比享受当下更好？我并不是一个哲学家，也并非在说我们不该在遭遇困境时坚持不懈，或是至少放手一搏，我只是在反思那些影片中人物，那些不作为中蕴含的智慧。当他们享受自己生命的最后一刻时，这对父女和这对夫妇向我展示了关注当下、关注自身、关注彼此的重要性。他们都望向了风暴。当然，他们的悲剧命运在这场自然灾难面前已被注定，但你所处的风暴应该不会招致如此可怕的后果。我在这里想要讨论的是，在他们停止和所处的环境进行抗争、稍作停息的时候，那种心如明镜和接纳一切的状态。

当事态十分糟糕时，我们很难做到什么也不做，但在很多时候，无为恰是最明智的选择。它给了你一个机会，让你在向前迈进之前，能了解并接受面前一切动荡不安的因素。倘若你不愿花时间去评估现有问题，你可能会像我和其他数以万计的人一样，本想求得自我安慰，最终却只是采取了一些具有破坏性的应对机制（coping machanisms)。当时的我就是如此：进食障碍、慢性抑郁、社交焦虑和惊恐发作，这些都是我内心羞耻感和回避心理的外在表现。

为何克制我们的行为——不去发送充满怒气的邮件，不去乞求银行予以缓期付款，不去弥补孩子犯下的过错，不去哭求男友回到自己身边——是那么困难？这是因为，在极度的压力面前，我们会感到恐惧，而这种恐惧感会向我们的大脑发出警告，提醒我们此处有危险。不作为和我们的原始生存本能以及回避风险的冲动是相违背的。假使我们战胜内心的矛盾，停留在“当下”，我们由荷尔蒙诱导的“战斗或逃跑”（fight-or-flight response）就会安静地退居幕后，放任我们成为这次打击的活靶子。有些人可能会认为这种行为是消极被动、软弱无能、默默忍受、逃避现实，但请细想一下，尽管你确信面前的灾难会将你淹没，但仍能直视它，还有比这更勇敢的吗？

观看风暴发生于痛苦经历的早期，此时你无须马上应对或是惊慌失措，你只需静静等待、暂停片刻，以便于积累一些在之后的疗愈过程中可能需要的因素，比如接纳、明辨和目标，借用它们来扫清内心的不自信、否认、责备、内疚和羞耻。这段过程非常重要，我们可以利用这段时间去深思，去体验内心的情绪，去客观评估风暴的情况。你可以稍作停息。这不会使你脱离现实，因为这一切始终会照常发生，并不以你的意志为转移。尽管如此，根据我的个人经验，若我能停下来，将痛苦定义为“一场风暴”，这将帮我恢复冷静，认清自身处境。你若能有意识地将自己和这些坏事区分开，你将变得强大。这并不是你，梅丽莎，这只是另一场风暴而已。

当你处于一个更加平和冷静的状态下，你将能发掘更多的资源、了解事情的全貌，以便采取一个清楚可行、目的明确的应对方式，从而会拥有更加全面的计划。此时我们便可以继续前行了。

准备和思考

当我们想要展现出自己美好一面时，有时候无须刻意为之——不用解释，也不必装饰，你自身的风度即能为自己代言。

——艾米·柯蒂（Amy Cuddy[①]），

《存在：让最有力的自己迎接挑战》

（*Presence：Bring Your Boldest Self to Your Biggest Challenge*）

在接触了形形色色饱经磨难的人，了解他们坚持的全过程后，我积累了很多生活素材。我也认识到观看风暴这一阶段的重要性，它是用以准备和思考的关键时刻，决定了我们是否能克服风雨过后的困难处境。我自己的不幸经历也证明了不愿稍作等待（相当于不接受现实）会招致数不胜数的问题，包括药物依赖、抑郁甚至是自杀。

你阅读本书的原因，可能是你自己或是你爱的人正遭遇困境，你想知道自己能够做些什么。

你正处于自己风暴的中心——某些地方出了问题，总感觉哪里不对。你问我应该怎么做？我会跟你说，请稍等片刻。

我知道你现在在想什么。你刚刚买了一本书，想要取得一些

① 艾米·柯蒂，哈佛大学教授，著名社会心理学家。

进展，试图为自己“做些什么”，但居然只是听到某个人（可能就是我）毫无根据地告诉你不要行动，不要做任何事！请听我说完。通常当我们采取行动的时候，我们会不假思索地率性为之，处于压力状态下尤其如是。问题就出在这里。我们并没有客观考虑合适的处理方法就贸然行动。我们的情绪和行为都是被旁人、自我和环境所操控。在这种状态下采取行动只是在白费力气。

反应（reaction）或是应对（response）？它们有何区别？

反应是一种防御机制（defense mechanism），而应对是一种支持系统（support system）。以下列举了一些例子，可以借此判断你处于哪一种模式，是与肾上腺素相关的反应模式，还是意识清楚、目的明确的应对模式。

反应＝本能行为

- 即使不涉及躯体相关的行为，也会带来躯体的感觉
- 不会持续很长时间
- 通常在一段时间内只有一种反应
- 当时感觉很好，但当荷尔蒙消耗殆尽后会感觉很糟糕
- 经常因为外在的目标物而释放

回想一下你上次和别人出言不逊或是对着电话那一头的操作员因为某个账单问题而发泄怨气的场景。其实早在对方表明对你的情况爱莫能助之前，你就已经生气了。

应对＝有意识的选择

- 能持续很长时间

- 一段时间可以有数种应对方式
- 会考虑不同的选择和可能情况
- 需要较高的智力条件
- 符合决策者个人目标、道德观和人格特征
- 是符合决策者的最大利益所做的选择

我发现在无为的状态中蕴含着智慧，我将这种接纳的状态称为“观看风暴”。若你能将注意力集中于那些艰难的处境、全心全意地去感受你所经历的痛苦体验，你会如我所见：你无法操控这场风暴。是的，这很可怕，但它也无法操控你。观察这场风暴能帮助我们避开一些误区，避免将这些坏事视作是针对自己发生的，也避免将他人的行为、观点或拒绝的举动解释为自身价值的不足。在一场混乱事件中，我们可以选择给自己一些时间稍事休整、查看局势、充分了解情况并选择更好的对策。

我想到了一句格言，并把它当作生活的准则：“当困难来临，以不变应万变，直到事态明朗，方可继续前行。”只有确保了坚定而一致的想法，我才有信心做出稳定而可靠的事。

不接纳的结果

无为本身就是强有力的行动。

——鲍伯·艾格（Bob Iger）[①]

当我们感到迷茫或不知所措时，就会忘记那些能帮我们扭转局势的助力：接纳、静观、认可自身的情绪、拥抱内心的恐惧，最终心如明镜、拾得初心。这些助力都能帮我们发展出自我觉察。

“我不太能接受事实，”想到丈夫离家五年来的日日夜夜，尼基（Nickie）说道，“我无法想象没有他的生活是什么样子，甚至无法接受他真的做出这样的决定。他背叛了我对他的信任。我不能接受他抛弃我这个事实，我表现得不仅可悲，而且可憎，而这正是他想达到的目的。”

尼基告诉我，她曾不断给前夫打电话，直到对方换了号码才罢休。当她发现前夫有一个新女友，并且已经被他们共同的朋友所接受时，她控制不住内心的愤怒，给每一个朋友发送邮件声明“断绝关系”，完全不顾和这些朋友十余年的交情。如今她的丈夫离她而去，朋友所剩无几，尼基陷入了抑郁。她每晚借酒浇愁，

① 鲍伯·艾格，迪士尼公司CEO。

事业一蹶不振，她开始不吃东西、过度运动。她既伤心又害怕。手头的钱所剩无几之后，她只能和父母同住。尼基认为这是她人生中最羞耻的经历，这也导致她的自我价值感急剧下降。“我感到绝望，并且对之前的疯狂行为感到害怕。”尼基解释说，“不单是我前夫对我说过类似威胁的话，我的父母和兄弟姐妹也对我横加干涉。可我始终未能自我改变。”

尼基置身于风暴之中，她并未意识到自己本可以评估风暴的情况并做出正确的回应，反而明知不可为而为之，最终在精神、情绪、身体各方面都筋疲力尽。“挽回我丈夫的过程就像试图用一己之力去吹散一片雨云一样，只是徒劳，”她说，“这到底有什么意义呢？”

我初次潜入暗流的经历

尼基“令人遗憾”的表现反映了一个事实：有时候最困难的部分并非置身于困境中与之抗争，反倒是事后如何去应对。你下一步打算做什么？你想让事态往哪个方向发展？这个世界在你周围旋转，你最有可能想做的是：

(a) 退缩到婴孩的状态，闭目塞听，直至一切结束；

(b) 尽己所能迅速逃离，再也不回来。

我很了解这种状态，因为在遭遇生命中第一场风暴时，我选择用第一种方式去应对，而我的兄弟姐妹躲到了各自的朋友家里，此后几乎不再回家。

父亲的照片在各大晚间新闻中出现，这宣告着我第一次风暴的开始。这张照片正挂在我家电视机上方的墙面上，边上是我和兄弟姐妹们的照片。当我将目光从墙面移回电视屏幕，听到新闻播报员提及父亲的新绰号“笑脸杀人魔”时，我感到那些照片中的笑容充满了讽刺的意味。

母亲并未冷静下来思考对策，她直接禁止我们在家中接收一切媒体信息。我当时十五岁，正是好奇心旺盛的年龄，只得去别处搜集关于父亲的消息。我不能将新的发现以及感受与母亲分享，只好自己承担这一切。祖父母也没有在行动之前多加思考，他们沉浸在震惊和羞愧之中，在我们最需要彼此的时候，他们同我们兄弟姐妹断绝了联系。倘若我们那时在悲痛之余能团结在一起，而不是为了回避感受而选择逃离或否认已发生的事情，也许我后来的生活会和现在经历的大不相同。

创伤：这是一个家庭问题

当石头沉入池塘，水面的涟漪即使在石头沉底后仍会持续。

——阿瑟·高顿（Arthur Golden）①，

《艺妓回忆录》（*Memoirs of a Geisha*）

2015年夏季，在主流新闻媒体的头条中出现了一个新名字：戴伦·鲁夫（Dylann Roof）。出于种族仇恨，他在南卡罗莱纳州屠杀了九名黑人礼拜者。他的姐姐安柏·鲁夫（Amber Roof）在电视上认出了弟弟特征性的锅盖头，马上向警方报案提供线索，随即他便登上了头条。警方在北卡罗莱纳州的谢尔比（Shelby）将他拘捕，那里距离安柏未婚夫和孩子们的住处只有三英里。

除了为弟弟因仇恨犯下重罪而感到震惊，为那些不幸丧生的受害者感到悲伤之外，安柏还需要做出一个选择，在她之前没有任何一名婚礼策划者遭遇过这样的困境：你即将迎来人生中最快乐的一天，可就在几日前，你的弟弟在教堂枪杀数人，你该怎么办？

安柏和她的未婚夫取消婚礼，躲了起来。他们无法在原定的

① 阿瑟·高顿，本科毕业于哈佛大学艺术史系，专攻日本艺术。1980年，获哥伦比亚大学日本史硕士学位，兼修中文。后于波士顿大学获英文硕士学位。《艺伎回忆录》是其发表的第一部长篇小说。

地方实现最初的婚礼计划，几周后，他们在一个隐蔽的小木屋中草草举办了仪式。然而他们还是被曝光了，不仅是她，她丈夫及他的家庭都被剥夺了正常的生活和快乐。

安柏的弟弟被捕已经过去数月，但我仍然惦记着她的遭遇。假如我能帮助受害者的家庭，同时又能帮她疗愈内心，事情会变成什么样？假如我能在她面对那些受害者家属时帮她传递出心声，阐明自己对于弟弟罪行所感到的遗憾，同时也能讲述他们自己所遭受的损失，事情又会怎么样？如果可以的话，这场无意义的屠杀中能提炼出什么价值吗？

这些想法一直萦绕在我脑中，直到那年秋天，我意外地收到了来自安柏的邮件。信中说她在脸书（Facebook）上读到了我的留言并愿意和我谈谈。“这此事件的真正受害者是那些在当日丧生的人。”安柏大胆地指出，“我不应该说什么，因为这可能会让别人觉得我在用自己的损失和痛苦去和他们的进行比较。”我并不认同她的观点。诚然，那些被她弟弟杀害的人的确是受害者。但她承受的伤痛是那么深，她自己也是一名受害者。我告诉她，我们不能用这种等级分明的有色眼镜去看待各自的痛苦，她和他们的痛苦并不会因为程度不同而遭受评判。对自身痛苦的否定并不会使他人的苦难减少半分，倒有可能适得其反。

我告诉人们，无论有多痛苦，都要试着和风暴共处。其中一个最重要的原因就在于，不这样做的话可能会让家庭遭受进一步的打击。在关于父亲的新闻传开后，我家里的每个人都各自为战。在很多家庭中都是如此，人们不是相互靠近，而是互相疏远，并由此滋生了否认（denial）。盖文·德贝克（Gavin de Becker）在《求生之书》（*The Gift of Fear：Survival Signals That Protect Us from Violence*）中，对否认有如下描述：

> 否认是……一种延期支付的计划，一份用很小的字体印刷的合同，长远看来，否认现实的人在某种程度上其实知道真相，而这又导致了持续性的轻度焦虑。几百万人正在遭受焦虑之苦，而否认使得他们不能采取可降低风险（及担忧）的行动。

我十分认同这个“延期支付的计划”的定义。过去我曾为了省钱，舍不得买昂贵但耐用的新车，但后来不得不花费上千美金去修理买来的便宜货。想到那时，我就忍不住嘲笑自己。过去的我拒绝承认自己已经永远失去父亲这一事实。他确实离开了，但这意味着什么？我并没有认真考虑这件事的长期影响，因为当时的我正忙于用暴食和功课填满我的业余时间。我甚至故意选择了一个不在镇上的学校，每天要花四小时往返。每当我遭遇一些青春期事件或遇上困难时——可能是被朋友疏远或是被自己不健康的身体形象所烦扰——我所做的不是正面应对事实，认清自己无法和父亲一起解决此事，然后退而求其次，而是买来更多的薯片，躲在黑暗的角落偷偷吃曲奇。乘着校车远离风暴以及用甜甜圈填补心痛的感觉是我至今仍在对抗的两大恶习，不过认识到否认所带来的最终命运（正如贝克所说的那样）在我寻找完整自我的过程中给了很大的帮助。

随着年岁渐长，我变得不容易相信男人，当然不仅仅是那些追求我的男士。之前我一直没能意识到，我之所以拒绝发展亲密的关系，是因为在我父亲两次抛弃母亲和整个家庭后，我们一家人的归属感都变得淡漠了。我认为不让男人走进心门是明智之举，可事后才发现这只是一种否认。在内心深处，我害怕发现这些男人的缺点或他们的秘密。毕竟，我从未认清自己的父亲是个怎样的人。我并不了解他生活的另一面，因而很自然地推测是不是每个男人都有他的另一面，过着像我父亲那般可憎的秘密生活？在另一方面，我害怕这个男人像父亲那样离开我，所以我选择抢先一步离开对方——这是种稳妥的自保方式，但在亲密关系，这也是一种可怕的处理方式。我忽略自己的异性关系，最终将很多段感情扼杀在了萌芽阶段。

无为的“自然性”

沉默是积蓄能量的睡眠，未来它要开出智慧之花。

——弗朗西斯·培根（Francis Bacon）[①]

在悲剧面前，我们如何战胜自己想要反抗的冲动？当我了解了其他正在和混乱的感觉作斗争的人，我会从他们的经历中获得安慰——倒不是因为知道自己不是在孤军奋战而感到释然，而是因为我们都有着无助和失控的感觉。

关于无为，你需要了解以下情况：它和“战斗或逃跑反应”（fight or flight）一样，是一种生理性的应激反应。“战斗或逃跑反应”经常被拿来讨论，它是沉睡于我们大脑最原始部分——爬虫脑[②]（reptile brain）中的神秘礼物，让我们能够抬起汽车救出被困的孩子或者逃离灰熊的追赶。不过事实上，“战斗或逃跑反应”近来有了一个新名字：战斗、逃跑或原地不动（fight,

① 弗朗西斯·培根，英国文艺复兴时期最重要的散文家、哲学家，主要著作有《新工具》（*Novum Organum*）以及《学术的伟大复兴》（*Great Instauration*）等。

② 根据保罗·麦克莱恩（Paul D. Maclean）博士“三脑一体”（triune brain）假说，大脑并非单一的结构，而是有三个单元组成。爬虫脑是三个大脑里最原始的一个，组成了脑干，掌管“战斗还是逃跑”的反应，同时也控制多种基本的生物机能。

flight, or freeze response)。对此，精神科医生、作家、加利福尼亚大学洛杉矶分校（UCLA）教授丹尼尔·J. 西格尔（Daniel J. Siegel）说：

> 该反应对于那些被捕食者逼到墙角的动物而言非常有益。[原地不动] 模拟了死亡的状态，故而那些只吃活猎物的攻击者可能就会失去兴趣。在原地不动状态，血压会骤降，这也能减少由伤口造成的失血。总之，它能使动物或者人发生晕厥，四肢瘫软地倒在地上，这种状态有助于持续将珍贵的血流输送到脑部。

你的身体会根据环境做出反馈，其中包括三种自动化反应：战斗、逃跑或原地不动——对，原地不动，就像被车灯照到的鹿——这没什么大不了的。当“无为”是种合适的反馈方式时，我们的身体自会为我们做出决定。近来，斯德哥尔摩市卡洛琳斯卡研究所（the Karolinska Institutet in Stockholm）的一批神经科学家将一种能使人避免被车撞的神经元命名为“休止神经元(Stop Neuron)”。对此我的阐述可能过于简化了，不过我想说的重点在于，当你不知道要做什么或者无法行动时，无须责备自己。这是自然的馈赠，是我们人类为了忍受极度无望的状态，随着时间推移不断适应、进行演化的结果。

心理学博士彼得·莱文（Peter Levine）是痛苦和创伤修复(trauma recovery）研究的先锋人物，他曾做过一个关于“从创伤中幸存”的讲座，通过播放一段狮子追捕小羚羊的视频，向听众演示了原地不动反应是如何进行的。在短短的 45 秒内，狮子就抓住了小羚羊的尾巴。让观众感到惊恐的是，狮子径直瞄准脖子咬了下去，并数次将羚羊击倒在地。当狮子转过身呼唤同伴来享受这顿盛宴时，奇迹发生：小羚羊“复活”了。它颤抖着用四肢站立起来逃跑了。这只小羚羊原地不动的本能给自己创造了一个可以存活下去的机会。

我相信，当我们被痛苦的经历逼得无路可退时，原地不动是有意义的。若将你脑中的头绪比作一片片云彩，假如能将情绪的旋风定格，你就能有更好的办法去观察它们。试想一下，你在做出反应之前给自己一段暂停时间，不过不需要“回想自己做了什么”，而是“想想自己现在是什么感受”。

允许自己暂停，或是“原地不动”，就是在努力使自己趋于客观，它或许可以让你在这次经历中将自己进行换位思考。对于那个正位于你所处的环境中的他者，你想对他说什么？当你将自己置身事外时，你认为什么是最重要的？有许多书都介绍了“内在小孩”（inner child）的概念，并且告诉我们如何和那个“儿童化自我”（child self）进行安抚和启发性的对话。你会如何和自己的儿童化自我进行对话？你会建议自己的朋友做什么，或者如何跟他说话、安慰他？你可以利用好这次暂停，将鲁莽的决断放在一边，接受无为的智慧。继而奇迹便会发生：你将从困境中走出，像那只小羚羊一般，摇晃着，但仍保持着生机，或许你会比最初的自己还要生机盎然。

我将回到过去，告诉十五岁的梅丽莎，她身边的那些大人们将他们的生活搞得一团糟，但她无须为此负责。

心如明镜：无为的结果

静下心来，沉静中蕴含着永恒的奥秘。

——老子[①]

每一个作用力都有一个大小相等、方向相反的反作用力。从七年级的物理课至今，我仍然记得这个运动定律。借此，我们可以得到一个逻辑推断：即使你什么也不做，总会有事情发生的！千百年来，多少哲学思辨和宗教传统用不同的方式讲述了同一个道理：无为的目的是为了等待情况更加明朗。只有当我们更清楚地了解全局时，才能做出正确的应对方式。

就在最近，我意外地了解到一则新闻：我父亲的故事将被拍成电影，并由大卫·阿奎特（David Arquette）饰演这个笑脸杀人魔。我父亲是那么自恋，这次能置身于聚光灯下，他一定感到非常得意，一想到这点，我就感到害怕。他会感到很荣幸，可与此同时，在现实中遭遇此事的受害者们却是在担心这场以娱乐为名的闹剧要到什么程度才罢休。我之前为了摆脱身为他女儿的污名

① 本处作者引用的是西方流传颇广的老子名句：Be still. Stillness reveals the secrets of eternity. 应为老子理念的简述，对应于《道德经》原文第十六章：致虚极，守静笃。万物并作，吾以观复。夫物芸芸，各复归其根。归根曰静，是谓复命；复命曰常，知常曰明。

做了多少努力，现在似乎都将化为泡影。我亦为那些受害者家庭的感受而感到悲伤。他们究竟要如何面对这件事？

我的第一反应是哭着打电话给我的丈夫，并感到义愤填膺，抱怨说：“这不公平！”这举动就好像一个十二岁的小孩在乞求态度强硬的父母给她买苹果手机那样。当时我感觉自己有必要做些什么：阻止电影的拍摄、写一封信、投诉、给这个广播公司的董事长打电话、签写请愿书。但这些都没发生。我服用了一剂经常服用的药物（总是那么苦），然后什么也没做。我静静看着这场风暴，看着那些新闻发布会、广告和预告片像泛着白沫的潮水翻滚而来，在我身边席卷而去。这段时间的确很艰难，我否定了自己的内在需要，不让自己试图去应对，迫使自己待在一间等候室里沉思和准备，直到事件明朗。最终，天哪，事情真的明朗化了。

和其他东方哲学以及宗教一样，“道”家也推崇无为。道这个字的意思就是“方法”“道路”或者“本源”。在道家思想中，在内心宁静的状态下，我们得以摒除所有潜意识的杂念，因而通过坚持正念可以明确前进的“方向”。在我的静心过程中，我也成功地避免了一些贸然之举，它们只会使情况变得更糟。

在影片上映后，我什么都没做，只是跟家人一起出门吃了顿晚饭。当我将注意力集中于倾听孩子们的校园生活故事，倾听丈夫讲述职场心得，时间就不知不觉地过去了——我的问题也是如此。

我本以为这一切就这样结束了，没想到有一天却收到了来自道恩·斯雷格（Daun Slagle）的邮件，她是我父亲手下唯一的幸存者。当时道恩和她的孩子被我父亲羁押在车内，遭受了长达数小时的殴打甚至勒颈。道恩最终成功逃脱了，并成为我父亲屠杀狂欢的八名女性中唯一一位幸存者。道恩在电视上看了这部电影，影片中使用了她的照片，还歪曲了她的真实性格，她对此感到厌恶。道恩认为自己的名誉受到侵犯，她告诉我说打算起诉这家广播公司。在接下来的几周，道恩公开在媒体上谈论了这部电影和影片中失实的人物形象。过去只要有与父亲案件受害人相关的事，我向来自认为有责任去补偿他们并尽力参与其中，或至少认为我应当做些什么。如今怀着这种歉意，想到道恩的情况，我意识到自己最初想要参与其中的反应只不过是被错误的内疚模式所困扰而已。当我静静等待这个条件反射消失，倾听自己的心声时，我听到的是要我保持低调，因为这些正在上演的无一是我自己的斗争。

又过去了数周，我收到另一封邮件，但这次是来自于一家制片公司。他们希望我能协助制作一部影片，以呈现系列犯罪对于犯罪者和受害人家庭造成的连锁反应（ripple effect）。这是我第一次能将聚光灯从罪犯那里转移到被他们影响的人身上。在制作影片的过程中，我们设想将两方面融合在一起：邀请受害者家庭和犯罪者家庭见面。这是一次冒险。大部分广播公司对于在影片摄制中会发生怎样的对话感到非常紧张，但有一家除外。你猜猜看是哪一家？出乎意料吧，正是道恩起诉的那家公司。假如我当时出于因父亲的行为感到内疚而参加了这起诉讼（实际上我无须对这件事负责），我将再也无法同这家广播公司合作，但这件事才是一次真正的机会，让我可以实现梦想——将这八个家庭通过录制《家中的恶魔》（*Monster in My Family*）聚在一起，为他们提供一个媒介以寻找答案、抚慰内心，而这正是他们数十年来所真正需要的。

在我的事例中，我的直觉做出了正确的决定。道恩的直觉也做出了最适合她的选择。我们都以自己的方式在创造变革。对我而言，观看风暴意味着悄无声息地靠近痛苦之地，等候合适的时机，踏上浪头前去真理的所在。

当我们足够冷静、足够自信，能够接受“风暴不会自行离开”这个事实，并能和我们的情绪独处时，一切都会明朗起来。我知道这让人感觉很难办到，不过我在玛西·西莫夫（Marci Shimoff）的书中获得了许多颇有价值的见解，她建议我们将自己的信任托付给这个宇宙，以此清除脑中的杂念。她在“快乐的百人”（the Happy 100）中进行研究，追踪这一群自内而外散发出快乐的罕见群体，并将研究结果汇集成了《快乐无须理由——做好七件事，快乐一辈子》（*Happy for No Reason*：*Seven Steps to Being Happy from the Inside Out*）一书。她发现这些人都拥有同一种信念：“整个宇宙是为了帮助你而存在的。”

> [快乐的人] 不仅仅在有好事发生时才相信这个宇宙是仁慈的——他们始终如此相信着。当有一些坏事发生时，他们不会抱怨或是叹息：“为什么是我？这不公

平。”他们用一种特殊的思维方式来理解事件：“这件事最终是为了我好而发生的。并没有什么错误可言。我来找一下其中好的一面。”相信世界是友善的，这便是他们能在生活拥有放松和信任态度的根源。

你遭遇的风暴使你独一无二

人们常会问：为什么会发生这种事，但这往往是一些无解的问题。我并不知道它为什么会发生，但是我知道我能用它来做些什么，继而这件事带来的就不仅仅是损失了。

——大卫·沃尔普（David Wolpe）[①]

我们生来就具备应对危机的能力，然而我们常常为了躲避危险或者因为没能专注于解决问题而太快行动，而不是在行动前稍作暂停、评估现有状况以及获得更加全面的了解。这种智慧——使我们能停下来以无为的状态等待事情明朗——从犹太教到道教、佛教，甚至是塔罗牌和占星术，在很多传统和宗教信仰中都很常见。

我的一个朋友向我介绍了大卫·沃尔普拉比（Rabbi）[②]的工作以及他所做的关于古代犹太人七日丧期（sitting shivah）传统的一次布道。在七日丧期中，逝者的家人和朋友将持续七天什么

① 大卫·沃尔普，洛杉矶西耐寺的犹太教拉比，被称为美国《新闻周刊》（*Newsweek*）的1号讲师。

② 拉比，是犹太人中的一个特别阶层，是老师也是智者的象征，接受过正规犹太教育，系统学习过《塔纳赫》《塔木德》等犹太教经典，担任犹太人社团或犹太教教会精神领袖或在犹太经学院中传授犹太教教义者，主要为有学问的学者。

也不做——“shivah”在希伯来语中意为“七”。我拜读了他的著作《让失去成为获得：在困境中创造意义》（*Making Loss Matter*: *Creating Meaning in Difficult Times*），然后联系了他。

我们在下午三点会面，当他步入房间时，我感觉他和我坐着的切斯特菲尔德沙发（Chesterfield sofa）[①] 那样让人感到温暖而舒适。我当时只约了三十分钟，所以当他开口先是谈论关于我的情况时，我感到很吃惊。很显然沃尔普拉比的天性就是欢迎并安抚那些心灵受伤的、疲惫的或是孤独的人，并给予他们一个充满关注和安全感的环境。我发现自己也置身于他的庇护之中，被他赞同性的点头和不加掩饰的智慧所环绕。我感到自己像是个在听睡前故事的孩子，聚精会神地听他讲述每一个将失去变成收获的人生故事。

“哀悼者处于一个特殊的状态，”我向拉比询问七日丧期的意义，他是这样解释的。“我们不会在埋葬之前进行七日丧期，因为这段时间，我们正处于一个阴阳相隔的模糊状态。不过在葬礼结束后，人们回到家中，便开始服丧。你可以先去相关机构寻求帮助，到那里之后，人们会认可你作为哀悼者的身份，然后你就必须回家了。”

在此期间，哀悼者不必工作、不参与社交甚至不需关心世俗之事。他只需等待他人的造访并决定话题的内容和长度。拉比解释说，在人生中能有这样一周的停歇实乃一件幸事。“暂停的益

---

① 切斯特菲尔德沙发是一种经典的长靠椅沙发。最早于英国出产的葡萄色皮革长沙发，色调时髦，休闲舒适，已有200年的历史。

处在于它帮助你在你必须对这个世界做出反应之前先安然渡过内心的冲击。当我们突然遭遇重大打击时，我们难以及时做出回应。也没有人希望你在第一时间就做些什么。你当时是麻木的，你的任何举措都不会是自己理智时所为。这个暂停能让你有足够的时间去自我修复，将遭遇这次打击的结果完整地拼凑出来。”

我由衷地赞同他先前所说的观点：“哀悼者处于一个特殊的状态。”当我们观察风暴时，我们不也是哀悼者吗？风暴让我们的生活在某方面发生了改变，让我们感到生活不会再像以前那样美好，而这种感觉会让我们感到晕眩。沃尔普拉比告诉我们，丧失可以带来改变，并且面对丧失，我们需要给自己哀悼的时间。利用哀悼的机会从风暴中恢复——这个观念对我而言意义重大；我们可以做力所能及的事，但我们不需要强迫自己装作一切都很好、什么都没有发生过的样子继续生活。我们可以对自己更友善一些，并且振作起来，因为身边的人对我们其实并没有太多要求，只希望我们能够好起来。也许我们并不需要一个严格的七日丧期，但我们有权拥有这样一段时间——对，有权利——去了解我们的生活是如何被突发事件所影响，并采取合适的应对方式。此时我们是真的在采取对策，而非简单地做出反应。

正如我先前所说，对于大多数人而言，无为并非易事。但在和沃尔普拉比交谈后，我仿佛获得了能在风暴中不作为的许可，我希望你也有着相同的感受。在获得了这个许可后，还有一个难题：我们究竟应该如何在面对灾难时战胜内心的冲动呢？当我新认识一些正在和混乱的感觉作斗争的人时，我会从他们的经历中获得安慰——倒不是因为痛苦之人渴望陪伴，而是因为我们都有着无助和失控的感觉，尤其是当自己面对的是5级飓风的时候。我发现原本不幸的遭遇可以变得有意义。通过反复的实验，我学会了将一些无法解释的事件转变成生活的目的——帮助他人。

我选择通过观看风暴来重塑自己的痛苦经历，借此重新找回勇气、为自己祈福。我并不是在建议你去直面一切不好的遭遇，不去感受或表达最初的情绪，这也太强人所难了。与之相反，在这个时候，你会观察一切，包括自己，也包括将你逼入绝境的这场骚乱，就像在《天地大冲撞》中海滩上的那对父女或是在混乱人群中安然处之的夫妇那样。不论你遭受的冲击有多强烈，你依旧可以享有片刻的平静。

练习：正念

索伦·高德哈默（Soren Gordhamer）在他的《智慧2.0：关于创造性和稳定性联系的古老秘密》（*Wisdom 2.0：Ancient Secrets for the Creative and Constantly Connected*）一书中将禅宗和基于正念的教学方式运用到现代人的互联网生活中，从商业领袖到拘留所中的青少年，再到创伤治疗工作者，都可以是他的受众。作者在书中希望我们能经常停下手头的事，享受当下。他也指出，我们之所以难以停下，是在于它本身的压力，以及人往往对与内在自我相处的状态感到不适，他将其称为我们的内心生活。“我们越少接触自己的内心生活、对其感到越不自在，就会越难停下。”高德哈默如此写道。

是的，了解如何停下来能帮我们获得无为的智慧，故而这一步非常重要，不过又该如何练习呢？观看风暴这件事是如此迫切，高德哈默指导我们“什么也不要做，坐在原地就好”。

我们喜欢有所行动，甚至我们有可能对此上瘾。因而我们必须学会克制那些煽动性的行为，它们会搅乱我们的未来。“我们认为当我们有所行动时——即使这只是个随随便便、漫无目的、毫无新意的行为——我们就是有所产出的。”高德哈默如是说。“但往往我们做了很多，真正完成的却很少。我们没有仔细思考，未能抱着解决问题的目的将相关的想法加以整合。与之相反，我们任由这些思绪自在来去、随意攫取。想法往往都是兴之所至，而非深思熟虑的结果。”

我们给自己设了一次注定徒劳的局。问题的关键在于，这个状态缺乏紧张感，高德哈默将其称为阻止我们选择合适行为、做出正确决策的罪魁祸首。我知道我自己在头脑发热的时候是无法进行决断的，也正是因此，我没有成为一名警察、橄榄球四分卫或是急救人员。一个人只有接受过克服紧张感的训练或有过相关实践经验才能从事这种性命相托的工作。高德哈默这样写道：

> 我们总是会避免无所事事的状态，奇怪的是，这反而导致我们一事无成。直到当我们能安然接受没有事情发生的现状。
>
> 对于即将发生的事，我们需要去等待、静观、倾听，为无为腾出一点空间，也给那些正确的回应以及答案一些时间来呈现。

我的好友、博主詹妮弗·乔伊·梅登（Jennifer Joy Madden）

向我介绍了以利沙·戈德斯坦（Elisha Goldstein）博士的工作，包括“戈德斯坦博士的STOP技术”以及他的著作《养心术：活在当下》（*The NOW Effect：How This Moment Can Change the Rest of Your Life*），他的技术能帮我们在面对风暴时考虑周全并理清主次。

S：停止（Stop）你正在做的事。

T：缓缓地深吸（Take）一口气。

O：观察（Observe）你身边发生的事，体察你内心的感受。假如你的思绪游离到了过去或者未来，请将它拉回当下。

P：再次出发（Proceed）前问自己：当前最需要我去关注的是什么？

接纳的心态

幸福只存在于接纳之中。

—乔治·奥威尔（George Orwell）[①]

我原以为观看风暴这个想法是自己某次灵光一现的产物。毕竟过往那么多的磨炼和失败的教训给我上了艰难的一课。然而当我接触接纳与承诺疗法（Acceptance and Commitment Therapy，ACT）时，我才了解到这个听上去更加临床化的概念。这个缩写看上去很讽刺，不是吗？行动（ACT）？当我观看风暴时，我选择的做法与行动截然相反：我选择等待。ACT治疗的本质是基于认知，意味着它是通过心智的力量去应对压力源。它主要靠心智的能力和描述事物的能力来理解我们的压力。

教育学博士理查德·布鲁纳（Richard Blonna）是《减轻压力，精彩生活：接纳与承诺疗法如何助你过上忙碌而平衡的生活》（*Stress Less, Live More: How Acceptance and Commitment Therapy Can Help You Live a Busy Yet Balanced Life*）一书的作者。根据她的说法，我们是在不同“时间和地点”的基础上评估

① 乔治·奥威尔，英国著名小说家、记者和社会评论家。代表作《动物农场》（*Animal Farm*）和《1984》是反极权主义的经典名著，其中《1984》是20世纪影响最大的英语小说之一。

自身压力及其对我们的潜在影响，以及我们对它产生的反应。这个观点让我激动不已。这意味着我们遭受痛苦经历后受伤的程度受到事件发生的时间、地点以及整体健康状况的影响。因此，我们今日认为难以忍受的事情可能在十年后变得不再那么值得关注。就好比说，我们在高中时期会担心的事，很可能现在只是一笑了之。布鲁纳博士解释说："这不仅是基于你置身于压力中的时间和场合，还在于你是一个和过去不同的人，并拥有更多的生活经验。"

ACT 疗法教你如何重塑自己面对压力的想法和感觉，而不是采取过时的心态去应对。下文的例子展现了一次专业的接纳与承诺练习，可以看到它是如何帮我改变对形势的视角。

梅丽莎："我好想谈一场恋爱，但（but）又很害怕被对方抛弃。"

社工："梅丽莎，你想和别人建立关系，同时（and）你又对此感到害怕。"

ACT 的基础就在于只是改动一个词。我们大部分人都会关注于自身想要改变的愿望，我的案例中则呈现为对浪漫关系的犹疑。然而 ACT 却告诉我，我可以在改变或是消除这种感觉之前，先采取行动。《今日社工》（*Socical Worker Today*）杂志的一篇文章中提到："我们其实可以在抱持着感受的同时做出行动，而非同这种和行为相伴的感觉抗争。"改变内心的感受是异常艰难的，这往往会招致更多的挫折和失败感，正是因此，承认并接受我们的感觉并付诸行动，给之后可能的转机一次机会，是比前者更行之有效的方法。

如果你听说过改变行为前需要改变态度这一说法，那么你已经做好了接触 ACT 的准备。其实改变行为（参加一次你并不想要的约会）亦可能会带来态度或情绪的改变（不是所有男性都是可怕的连环杀手）。ACT 强调了我们需要专注于改变行为而非注意伴随的情绪。简而言之，行为和情绪可以共存而又相互独立。

害怕被抛弃以及担心发现对方不可告人的秘密，由此产生的焦虑感使我不敢去约会，但是我其实是可以在感到焦虑的同时去约会的。ACT 告诉我们，我们可以和情感/恐惧共存，并摆脱情绪对于生活的控制，不再任由其告诉自己应该或不应该过怎样的生活。

这样一种想法的转变也发生在我一个朋友身上，她告诉我们，她的第二份工作丢了，而较前一次失业，这次的情绪体验不再那么强烈。她第一次被辞退的经历给她带来了毁灭性的打击，使她陷入了极度的抑郁之中，错失了生命中宝贵的一段时间。这次失业后，为了不再自责或感到无用，她换了一种思考方式。她从老板的角度出发，理解了进行裁员的必要性（对于这种同理心，我们在之后《治愈心灵》这一章会有更多讨论），她也预见到失业之后仍要继续生活（这是一个普世的真理，我们会在之后讨论）。于是，较上一次，她拥有更多的能量，并专注于找工作及社交；她甚至将停工的这段时间视作一件渴望已久的礼物。她并非不为失业的事感到伤心，她只是做好了准备，没有被悲伤的情绪完全占据而已。

接纳不仅能帮助我们找到合适的语句去描述对于伤痛体验的内心感受，并能利用这种自知力继续前行、做自己想做的事。我们通过检验自己对自身境遇的想法、情绪和反应，总结出应对困难的办法。要是我们花了太多时间去回避自己的感受，这就像让自己背对着冲击海岸的浪潮那般，这种状态下是无法克服困难的。

“承诺练习在于教你如何在与苦难共生时仍旧坚持自己的计划，”布鲁纳博士如此写道，“它告诉你为了继续生活，并不需要彻底清除自身痛苦的想法和感觉。你只需认识到拥有痛苦的想法和感觉是正常的，并能承受这一切，你便会拥有应对问题的能力。常常是在自己感到受威胁以及难以应对时，压力随之而生。你无须将痛苦和折磨视作一种威胁；它们如同你所呼吸的空气以及淌过你窗沿的日光，是你生活的一部分。”

评估风暴的状态

若你并不清楚自己行进的方向，你可能最终会去到计划外的地方。

——道格拉斯·J. 艾德（Douglas J. Eder），心理学博士

当天气预报说可能会下雨，你会认为此时将窗户关起来、储备好罐装食物，或是离开家去外地是合理的举措吗？在把计划付诸行动之前，我们每天都在接收关于天气的情况。我们需要在去迪士尼乐园前准备雨披吗？高中毕业典礼是否要改在室内进行？对于一场花园婚礼而言，地面是否会太过泥泞？

当你未能对情况进行适当的评估时，你可能会因此无法做出应有的反应：不够有力或是过度反应，继而你便会屈从于应激反应。罗马皇帝马可·奥勒留（Marcus Aurelius）在他的《沉思录》（*Meditations*）中提到，一个人被他人伤害的唯一方式便是容许自己被自己的反应所掌控。现已证实，拥有过高的反应性会使人更容易变得焦虑并具有攻击性。在佛教禅修（Buddhist meditation）中有两大基本要素，一个是静止，另一个是审视（deep looking）。审视只有在我们停下来之后方可开始。假如你去旁观一场佛教禅修的教学，你将发现当你静止下来之后，你将会变得“稳定和专注”。继而你便能审视你的本性或事情的本质，最终洞察一切。

将情绪作为指南

就像血压注定会有所波动那样，你的情绪也必然会时起时伏。这是一个在快乐和不快乐之间不断往复的系统。也正是这个系统引导你在人生旅程不断前行。

——丹尼尔·吉尔伯特（Daniel Gilbert），心理学博士[①]

观看风暴意味着去关注自身的感受、认可它并接纳当下的状态。假如你跳过了这个环节，采取了否认的态度或是不成熟的反应模式，你将会错失疗愈过程的重要一环——将情绪作为指南。

我们都是感性的生物，而这个设计并非偶然。情绪的存在不是为了让我们去压抑它、产生羞耻感或是为了躲避别人。它们是我们天生的指南针。对它们视而不见就好像你在陌生的城市中迷路时拿锤子把智能导航（GPS）砸坏一般。由于惧怕自己的感受而选择自我麻痹将会摧毁我们体内的这个指南针。当我们不去面对自身感受，允许自己定义这些感受，清楚地表达出来并将其释放出去，我们的感受会变得无法消解。根据乔普拉中心（Chopra Center）[②]的介绍，阿育吠陀（Ayurveda）是印度一种古老的疗

---

① 丹尼尔·吉尔伯特，美国著名社会心理学家，哈佛大学的心理学教授。他出色的教学和研究工作曾经为他赢得了众多荣誉，其中包括美国心理学青年科学家杰出贡献奖。

② 乔普拉中心，美国一家知名心理服务机构，专注于冥想、阿育吠陀、瑜伽等课程的实践与推广。

愈体系，它告诉我们，如同生理上的毒素会在我们的细胞中汇集一样，这些未能消解的“愤怒、恐惧、怀疑、渴望、强迫行为及沮丧情绪”会形成心灵的毒素。

在我的好友萨沙（Sasha）、她的丈夫和孩子们搬来与我们同住的一个月中，我曾目睹过这种不知名毒素的迸发。我这位大学挚友是2008年经济危机所造成余波的受害者。其中最重要的问题是她丈夫的失业，他不得不去申报失业并申请政府救济。经过长达五年的苦苦挣扎，他们夫妇二人最终还是丧失了对抵押品的赎回权，宣告破产、无家可归。我和我的丈夫山姆（Sam）说服了他们，在他们东山再起之前和我们同住。每天早上，孩子们都去上学后，萨沙和她的丈夫则徘徊于街头寻找工作。我们会在晚餐时间聚首，共享美食和欢笑。两周后，我和萨沙已然习惯于在晚上清理桌面，然后送孩子上床的规律性模式。直到有一天晚上，她并未像以往那样在老地方擦干碗碟。可能是出于女性的直觉吧，我径直走向浴室，听到可怜的萨沙正在呕吐的声音。

“萨沙，发生什么事了？”

“梅丽莎，”她望向我，眼里布满血丝，“我再也忍受不下去了。我好害怕。”

这便是萨沙的风暴，我拼命想去帮助她，于是我尽己所能让她感到足够安全，开始倾听她的感受，并试图从中了解情况。

“好的，”我说，“让我们设想一下。今天发生了什么？你今天有住的地方，填饱了肚子，你丈夫今天的求职社交说不定也获得了不错的结果。”

我捕捉到了她眼神中流露出的赞同，继续说道：“好的，那么今天有发生什么坏事吗？有人受伤了吗？有人自我迷失了吗？有人想要对你不利吗？”

萨沙回答说：“每个人今天都很好，我的孩子们都很健康，我也很健康，我们在一起相互扶持。”

以上的方法名为格式塔（Gestalt）自我对话，当我还是个小女孩的时候就开始使用了，那时我有严重的焦虑问题，经常在祖母家的地下室里辗转反侧。“今天发生了什么？”置身于黑暗中，我这么问自己。今天我无须住在避难所。我们今天安全地躲避了关于父亲的问题。我今天交了新朋友。我今天吃得很饱。是的，这是一种盲目乐观的思考方式。然而随着我渐渐长大，我了解到，尽管科学已经证明了积极的想法以及看向生活中光明的一面能放松心情、使人获得力量，但有一条斯多葛派（stoicism）哲学观出人意料地有用。斯多葛主义者们也总是喜欢通过这枚积极心理硬币的另一面来为当下消极的情况提供证据。

斯多葛主义者们相信，偶尔闭上双眼，想象可能发生的最糟糕的事——比如说想象我们的好运不再——会是一次很好的实践。想象带来的痛苦感受将会清楚地呈现，并转化成力量。如今，不管事情有多糟，我总能想象出更糟的情况，这就像经历了一场暴露疗法（exposure therapy）[①]，我感到自己更有能力去应对我所面对的一切，并为此心怀感激。

---

① 暴露疗法，也称满灌疗法，它不需要进行任何放松训练，而一下子呈现最强烈的恐怖、焦虑刺激，以迅速校正病人对恐怖、焦虑刺激的错误认识，并消除由这种刺激引发的习惯性恐怖、焦虑反应。

练习：当日总结（今天发生了什么？）

无论高兴与否、幸运还是不幸，每天结束时，我都会做一个总结。我会问自己一个问题，和萨沙因为经济状况而胃疼时我问她的问题一样：今天发生了什么？当你自己进行这个练习时，请大声回答这个问题，强调“今天”这个词，并在你给出的每一个问题和回答中都重复它。

我今天有住的地方。我今天交了一个新朋友。我今天帮助某个人解决了汽车故障。我今天在领导面前没能好好表现。我今天哭了。我今天发送了一封不够专业的邮件。

当日总结带来的回答是消极还是积极，这点并不重要。强调“今天”这个词，是为了提供一个正念练习，使你能专注于当下。在一天的最后时刻，这一系列的提问能提醒我一件重要的事实：今天行将结束，今天发生的事情，无论好坏，也都将结束。我从而意识到，当我再次睁开双眼，一切都将重新开始。面对即将到来的一天，没有什么比这个想法更能让我感到踏实的了。

这和佛教中所说的“重新开始”（beginning anew）或者“初学者心态”（beginner's mind）有异曲同工之处。“重新开始”意味着发誓不再重复过去的错误或消极行为。当我们愿意发展更多的觉察力，审视眼前的风暴以洞察它所揭示的内容，我们便能获得重生。我曾向自己发誓（一次又一次地发誓）：“我现在专注的事和以前所为全然不同。”我喜欢“初学者心态”这一概念中所铭刻的乐观和宽恕，因为它对我总是把事情弄糟的情况抱有真诚的宽恕之心并能温柔相待。我的口头禅就是“用全新的心态去迎接新的一天”。

宣泄所有的情绪

米歇尔（Michele）是我的共同作者，她和玛丽娜（Marina）并不相熟。但在初秋一个阳光灿烂的清晨，她们在送孩子去小学后攀谈了起来。玛丽娜看到米歇尔挂在跑步臂包上的iPod，两人就此展开了话题。自从开始将跑步作为日常习惯后，米歇尔的压力水平下降了许多，玛丽娜对此表示同意，她也发现运动能释放压力。随后不久玛丽娜就开始讲起了过去压力是如何影响她的生活，并一发不可收拾，她们开始了一段变革性的谈话。玛丽娜非常坦诚地分享了她的故事，具体内容如下：

玛丽娜并不是一个从小就梦想着要穿白纱举办盛大婚礼的女孩，所以在男友艾尔登（Elden）求婚后，他们草草地结了婚、直接进入了婚后的状态。她和艾尔登每天早上五点一起走到体育馆，和人们一起搭车去火车站，他们在那里互相道别，直到晚上回家时再相见。大多数时候，他们会共进晚餐，周五会和艾尔登的朋友们一起看电影。他们喜欢看周四晚上的橄榄球赛，以及在周日穿着爱国者运动衫无所事事地闲逛。

这样的生活一直持续到玛丽娜生病为止。

最初，玛丽娜发现她的睡眠节律被打乱了，以至于无法胜任平时的工作。就像钟表一样，玛丽娜每天早上三点半就会准时醒来。无论怎么样，她都无法再次入睡。她因为各种各样的感染问题频繁去妇科就诊，而在此前，她从未有过这样的情况。后来她的脸上长起了带状疱疹，症状持续了数月，这给她带来了极大的痛苦。最终有一天晚上，和丈夫亲密之后，玛丽娜因为大出血被送到了急诊室。当时原因还未查明，备感困惑的医生半开玩笑地对玛丽娜说："你是怎么了，对丈夫过敏吗？"

Bingo，答对了。

玛丽娜从未告诉任何人艾尔登有多专横，他如何将自己作为所有物那样对待，阻止她去见老友或是和自己之前的同事一起出去玩。事实上，玛丽娜承认，很长一段时间她都在否认这个情况。她从未告诉任何人，当她认为既然最小的孩子已经进了幼儿园，她也想要回去工作时，艾尔登便开始谴责她，说她是一个失职的母亲。她从未告诉任何人，关于那冰冷而粗暴的性爱、丈夫衣领上的唇印和他日复一日削弱她自尊心的傲慢态度。

医生无意间提出的这个问题一语道破了真相，玛丽娜只能自顾抹泪。在和心理治疗师一起进行自我探索后，玛丽娜认识到自己正活在贝克博士所提出的"延期支付模式"之中——为了维持和丈夫的和平共处，她付出了身体和精神健康的巨大代价。玛丽娜发现，她的潜意识自她第一次于三点半醒来至今，一直在让她离开她的婚姻。"仿佛我的精神告诉我要离开他躺着的那张床，但我的肉体却选择默默承受。"玛丽娜说。

玛丽娜将自己的不愉快告诉了身边的亲友，而婚姻咨询也无力修补这段破碎的关系，于是她签下了合法分居的合同。她和孩子们从原来的家中搬了出来，住进了现在的家。两年来，玛丽娜再没有因为单纯的感染而去看医生，她的带状疱疹也没再发作过，她比以前任何时间都要健康。

玛丽娜身上究竟发生了什么？詹姆士·W. 佩内贝克（James

W. Pennebaker）博士在《敞开心扉：情绪表达的疗愈功能》（*Opening Up: The Healing Power of Expressing Emotions*）中分享了他的研究结果：刻意地压抑或是“禁止”内心的想法和感受需消耗大量的时间和精力。为了不将感情外露，我们耗费的注意力只是削弱了身体的自然防御机能。正如其他一些广为人知的应激源——比如苛刻的工作安排或家庭环境那样，抑制内心感受会影响免疫功能、心脏、血流、大脑以及神经系统。

而在另一方面，不论是从长期还是短期影响来看，正面应对我们内心深处的想法和感受都能显著地改善健康。在研究中，佩内贝克博士发现通过一种“告解式”的写作或口头叙述可以抵消由于压抑情感而造成的后果。甚至于，通过对痛苦的写作和口头表达可以“影响我们的基本价值观、日常思考的模式以及对自己的感受”。玛丽娜对此表示同意。她从先前经历中学到的不仅仅在于她的自我压抑造成了躯体的疾病，她也看到了敞开心扉的状态是如何帮助自己做出决定，选择她在亲密关系发展中想要和不想要的部分。简而言之：强颜欢笑对我们没什么好处，让情感真实流露反倒有益于身心健康。

不过讨论这些并不仅仅是让你“宣泄所有的情绪”，我们还希望你能有所收获。这个分享最深处心魔或忏悔“罪行”的过程要求我们能有所准备，去接受“输出”之后的“输入”。其中有一些“输入”可能并非我们想要的。在大多数情况下，将自己克服困境、从创伤中恢复的心路历程告诉别人，往往能赢得赞美（“你真的很勇敢”）、明确的态度（“你当时竟能考虑得那么及时”）和实用的建议（“我认为下一步是给她打电话并道歉”）以及适当的关注、共情和支持。但有些时候，大声地谈论某件事只是帮助你听清自己所讲述的内容，理清脑海中混乱的思绪。你想必经历过这样的情况：向朋友请教一个难题，最后却发现，在你说完之前，你自己已经找到了解决方法。

我过去总是纠结于能否鼓起勇气去自我述说。我从未将父亲的罪行告诉过任何人，也从未提到过我亲眼目睹母亲被新一任丈夫殴打和羞辱的那一天。有一次我被班上的同学和家长“发现了”，他们把我当作畸形秀那般对待，故意避开我，仿佛我遗传了强奸和扼杀的基因似的。因此，一旦我们全家离开华盛顿斯波坎市去其他地方开始新的生活，我都不敢让我的孩子带着这样的犯罪烙印上街。我在教会中很活跃，扮演着尽职的妻子角色，甚至在外经营着一个日托中心，但我从不让任何人知道我的过去。假如消息传出，社区里那个孩子照料者的父亲是由于长达十年的连续杀人而被监禁，你能想象这会导致怎样的骚动吗？还是闭口不言吧，我想。

即便是现在，我也不是在让你毫无顾忌地把你身上发生的事告诉任何人。但你可以效仿我的做法，先是把事情写下来。在我无处倾诉的那段时间里，我写下了大约十万字，将大量的困惑、痛苦、愤怒和绝望泼洒在页面之上。但当我结束了这些书写之后，另外的词句就仿佛自动驾驶一般自然涌现。那些词句饱含着力量、希望、创造力和爱。在倾吐完这些话之后，我感到疲惫不堪，但也如释重负。

当我们压抑某些事情或感受时，我们记忆中的痛苦经历会变得碎片化，这意味着我们没有机会看到事件的全貌，无法了解与之和解的办法。书写我们的故事，即是帮助我们在一个安全的区域去面对创伤，这样便提供了一种控制感，让我们得以叙述那段也许长时间以来操控着我们的经历。写作能将这些碎片重新拼凑，让我看到自己的生活，从儿时到离家，仿佛一根长线将其串联，我因此认清了自己未来想要怎样的生活。同时，我得以通过成人的眼光对过去加以审视，看到那时的我能加以控制的因素实在是少得可怜。继而我第一次认识到，在如此资源匮乏的情况下，我能成为现在的自己，是多么值得庆幸。重读过自己的故事后，我放声痛哭，既是为我从未拥有、也不会再重来的时光感到悲恸，同时也是为现在的自己和理想的自己而感到释然。这也是第一次，我对自己产生了同情，原谅了自己过去的一些愚蠢行为。在《开启心智》这一章，我们会对如何写作加以讨论。

在我看来，佩内贝克博士的研究中最具有启示意义的地方在于，你无须带着展示给别人看的目的来写作。这个过程其实很简单，就像是写日记或是给自己写信一样。因为根据心理学博士阿特·马克曼（Art Markman）的说法："写作的好处并不在于可以将这种个人信息展现给其他人，而是创造了一个将情绪相关记忆组合在一起的故事。越是能将这些创伤性事件连贯地组合在一起，与之相关的记忆就越少在脑中重现，随之被逐渐淡忘。"

这不就是写作的目的所在吗？

米歇尔很喜欢写作，不过她用以唤起并消除情绪的方式倒不是写作，还是将它们说出来。

米歇尔的故事

听上去似乎很疯狂（因为事实就是如此），不过在我和丈夫离婚后，我曾一度在正午时分漫无目的地在 34 街[①]上游荡，试图寻找所谓的奇迹。我的脑海中回荡着恶魔般的声音，它们的任务就是让我相信我的人生已经结束了，我已经完了，未来也没什么可指望的。我生命中最美好的时光已经过去，但我却只能停留于现在。

这样的想法随时随地都会出现——在淋雨时，和父母共进晚餐时，大多时候是在办公室里。每天午餐时间，我都会从位于十一楼的办公室走到第七大道的喧哗街道上，试图驱除这些声音，但总是徒劳无功。

无论是晴天、下雨、下雪或冰雹，寒冷刺骨或是酷热难耐，我都会在第七大道上向南走去，并不断自我诉说着自己有多绝望、有多孤独、有多想念那个该死的男人。

再富有同理心的朋友也会被说烦，过了一段时间，我对于听自己的话感到了彻底的厌烦——厌倦了我这个牺牲者的角色，厌倦了我采取的淡漠状态，厌倦了自己对除自身感受和前夫之外的事物丧失兴趣的现状。继而我采取了一种对个人而言万分艰难的方式：我推开了自己。但我并没能停止每天的出走，大部分原因在于我养成了一个坏习惯——我依赖于将这个习惯作为一天的分

① 34 街（34th Street）是纽约曼哈顿区主要的东西横贯街道之一，沿街有 4 个地铁站：第八大道、第七大道、先驱广场和公园大道。

界。认清自己无法摆脱这个无用功后，我想把我的大脑当作小白鼠、想法作为刺激物，通过一场实验试着将它们“组合在一起”。我在一次中午闲逛时用手提式录音机（这是在智能手机之前很久的一个物件）给自己录了音。此后每一天，我在漫步的同时都会将我当时所想一股脑地用麦克风收录起来。到了下一周的周一，也就是过完周末，我会回放上一周的录音内容。这个自我聆听的过程很艰难——因为真的很窘，就像在读高中时代的日记一样。我倒不是因为我那不熟悉的声音或是布鲁克林口音比我想象中要更明显而感到尴尬；让我不舒服的在于，我完全认不出这个正在咆哮着、哭泣着、抱怨着的人是谁。我惊讶地发现自己自从离婚后第一天到现在，已经带着情绪走出了很远。回首来时路，我看到自己身上覆满尘土，早就已经走出了34街的边界。

倘若不是听见了自己的诉说，我不会认识到自己已然痊愈。我发现自己并未停滞不前，也没有注定深陷于永恒的抑郁之中。我开始感受到希望。这份希望帮我告诉自己，我有能力在苦难中自我成长。这份希望让我得以更轻松地按下回放键，因为我开始相信这些可触及的实证，相信自己已经有所好转。我在某种意义上的确是听到了自身的疗愈。这段疗愈的过程就像一场名为“奔向五千米私人教练”的间歇性训练项目——持续性的步行，中间加以爆发性的冲刺，最后以跑步结束。没有人能轻易从自身状态中醒来，就像我们不会马上从混乱的状态中脱离一样。通过时间、距离、练习以及诚实的自省（也许就是在午休时间出去走走，和自己说说话，天马行空地去想），只要你足够用心去听，你就能观察到疗愈的发生。

练习：你的风暴让你有何感受？

和痛苦相处可能会让你感到痛苦，但这是觉察和成长的开端。问自己一个问题：我痛苦的经历让我有何感受？

尴尬的	被忽视的	看不见的
孤独的	有失尊严的	愚蠢的
屈辱的	傻的	不被尊重的
内疚的	无价值的	疏离的
习以为常的	其他	

你能写下或者述说你的感受吗？

将事情写下来，或至少说出那些在你脑海中挥之不去的感受，就像在进行一场暴露疗法一样。当事情原原本本呈现在面前的时候，它便不那么可怕了。请看看这些糟糕感受的清单。当看到这些的时候，我大喊了一声。不过它们看上去确实是不那么可怕了，不是吗？这就像是躺在一间伸手不见五指的屋子里，每次只有几分钟时间，直到有一会儿你发现，如果你给自己一个机会，你的双眼会适应黑暗，随后便能看到身边其实没有什么值得害怕的东西，你会伴随着内心平和的柔光安然入睡。

你就在这里：正念的课程

你在此的目的是为了生活；而当你为了生活而存在，生活也会为了你而存在。就是这么简单。

——释一行（Thich Nhat Hanh）[①]

我一直希望能找到这样一本书——假如我要在一个荒岛上度过余生，我会毫不犹豫地带上它。如今我找到了！这本书名为《你在这里：发现当下的魔力》（*You Are Here*：*Discovering the Magic of the Present Moment*），作者是一行禅师，著名的佛教僧侣及导师。如今每一个人都在反复谈论呼吸的力量、停留在“当下”以及正念冥想（mindfulness meditation）。因此我知道我好像有点落伍。“我的确在这里”这句话看似简单，实际具有变革性的力量，说来惭愧，我并非马上就领悟到这一点。

我喜欢这本书标题所蕴含的朴实和厚重：你在这里。我就在这里。的确如此，我在这里。多么富有洞察力。然而我又重复了一遍，还是带着嘲讽的语气，仿佛在说：“废话，不然，我还会

---

① 释一行，即一行禅师，越南人，是现代著名的佛教禅宗僧侣、诗人、学者及和平主义者。著有《正念的奇迹》（*The Miracle of Mindfulness*）、《故道白云》（*Old path white cloud*）等。1967 年，一行禅师被黑人民权领袖马丁·路德·金提名为诺贝尔和平奖候选人，马丁·路德·金说：“我不知道还有谁比这位温良的越南僧人更堪当诺贝尔和平奖。”

在哪?”但到我第三次复述时，我发觉这几个词渗透进了我心里。它们变得鲜活起来，变得富有力量。天啊，我现在在这里。这意味着，有一天我将不会再在这里。马上行动起来，梅丽莎。

就像许多其他救生策略那样，佛教是在千钧一发之际来到我身边的——好比消防云梯之于着火的公寓，或是救生艇之于沉没的船只。它发生于几年前，当时我正经历着一段艰难时期。与我过去应对的那些内在问题大不相同，我那时遭遇的是“成人问题”。当时由于我丈夫山姆失业了，我们全家不得不搬到得克萨斯州去；我儿子患有学习困难；女儿由于遭受校园霸凌，要求在家学习。看着我所珍视的一个个家人，我的心仿佛在滴血，却又因自己无法帮到他们而倍感受挫。这种压力之下，我和山姆相互疏远，经常像敌人一样互相对抗，而不是像我们最初承诺的那样团结一心。我们都明白风暴是多么凶猛，而现在环绕着我们家的居然有四种不同的风暴。最终，还加入了我自己的风暴——惊恐发作，感觉麻木而冷漠，怨恨、幻灭。准确地说，我是在日渐衰弱。

随后，我就读到了米歇尔推荐的这本书《你在这里》。就如我之前所说，我那时有些疲倦，于是带着怒气和嘲笑，对自己、也是对一行禅师说：是的，我在这里。另外，这是我最不想在的地方。

但就好像他已经预见了这个反应似的，一行禅师随即写道：

> 佛学练习的基础是非暴力以及一体不二[①]（nondualism)。你无须和自己的呼吸去抗争。你无须和自己的身

① 一体不二，“不二”一词乃佛教用语，出自《佛学大辞典》，意思为无彼此之别。

体，或是心中的仇恨、愤怒抗争。温柔地吸气、呼气，就像对待娇嫩的鲜花那样……

当你在处理自身痛苦、外界的刺激或是内心的愤怒时，你可以学着用同样的方法去应对。切勿和痛苦抗争，切勿和恼怒或嫉妒心抗争。带着极大的善意拥抱它们，就像拥抱一个婴孩那般。你的愤怒即是你本身，你不应当以暴力相待。其他全部的情绪体验亦如是。

我看到家庭里的每一个人都是在和痛苦斗争，而并没有与其温柔相拥。这种认为我们既是善也是恶、既是喜也是悲、既是平静也是不安的论点改变了我的观念。一行禅师保证说，一体不二的精神能给我们之间的战争画上休止符。“你在过去已经抗争了太久，”他在书中写道，“也许你还在抗争着，但这是必须的吗？不，抗争只是徒劳。停止抗争吧。”

于是我决定试试看。

简而言之，正念就是控制好你的注意力：你可以将自己的注意力投注于你想要的地方，并保持在那里。当你想要转向另一处时，你也能控制自如。

——瑞克·韩森（Rick Hanson）、理查德·曼度斯(Richard Mendius)，

《像佛陀一样快乐：爱和智慧的大脑奥秘》

(Buddha's Brain: The Practical Neuroscience of Happiness, Love, and Wisdom)

你并非风暴

羞耻感会成为一张面具，阻碍你遵从命运的安排……你无须因为一时的过失而自我谴责。摘掉这张面具吧……上帝是无法祝福你伪装成的那个人的。

——约尔·欧斯汀（Joel Osteen）①

显而易见，我们都遭遇过风暴。有一些突然将你包裹其中，有一些在离开后使我们变得有所不同。我们只能确定一点，就是在未来还会有更多的风暴等着我们。在我还年轻的时候，我还在不断地了解自身价值和长大后需要做的事情。每一次风暴都是一次自我的延伸；我们紧密相连，以至于最后相互依赖。每个风暴都有一个暴风眼，这便是“我”。

我认为《完美自信的终极秘密》（*The Ultimate Secrets of Total Self-confidence*）这本书是当代自助文学的先锋之作，作者是心理学博士罗伯特·安东尼（Robert Anthony），他主要讨论了依赖于风暴进行身份认同是如何破坏我们的自信心，如何阻碍我们沿着正确的方向前进的。

---

① 约尔·欧斯汀，休斯顿雷克伍德教堂（Lakewood Church）的牧师，传教方式十分生活化，他以实际经验告诉教友神的各种旨意，并强调爱的力量和积极的态度，以及人生光明面和把握当下的重要性，简单易懂的讲道内容具有吸引力。

“你是否总是关注自己的局限、自己的失败、自己做事浮躁的状态，偶尔会停下来担心自己的未来?”作者在书中这样写道，“问题在于，你从年少开始就被错误的概念、价值和信念限制住了，未能认识到自己真正的才能和独特性。”

这段富有洞察力的文字出现在全书的首页。这本书让我激动不已，主要在于安东尼博士澄清了一个问题：除非我们能理解自己真实的价值所在，否则我们永远无法获得完整的自信心和自我价值感。我们无法变得完整。

他在书中说：“只有在你能充分认可自己独特的重要性，你才能从你那自制的牢笼中解脱出来。”

当米歇尔提出“风暴中的我”这句比喻时，我会心一笑，这实在是再恰当不过了。当我们如此依赖于自己的经历来定义自己时，我们会产生一种感觉，它被安东尼博士称为错误的确定性，此时我们以为正确的事情实际上并非如此。“如果我和男人约会，我很有可能会受伤”，或者“我在小学时是一个糟糕的学生，所以我去拿一个高中同等学力就算了吧”，或者“我父母在 1929 年股市崩盘的时候失去了全部财产，于是我再也不信任银行，将钱都藏在床垫下面”，或是“离婚过程是如此痛苦，我之后不想再结婚了”。米歇尔博士认为，这些错误的确定性一般都是基于空想，它们会歪曲事实并造成自我欺骗。“我们希望事情跟我们预想的那样，而不是认清它们的原貌。我们透过滤镜在看这个世界，只愿看到自己相信的东西，但这会让我们远离真相，也会导致一些坏事的发生。”

由于我的观念早已被定格于接受错误、歪曲的概念和价值，我更容易落入恶性循环，试图通过改变生活方式来纠正它们。也许你也遭遇过这种情况。在《像佛陀一样快乐：爱和智慧的大脑奥秘》一书中，瑞克·韩森和理查德·曼度斯是如此描述这个现象的："在生活中，大脑对未来进行预期是建立在过去的经验，尤其是一些消极体验的基础之上。当一些尚未发生，但和先前情况较为相似的情境出现时，你的大脑会自动进行评估。假如它预期到的是痛苦或损失，甚至仅仅只是感到有可能发生，它就会发出恐惧的信号。"

这是过度觉察所带来的问题。我们必须得明白，我们接受、认同或是拒绝事物都是基于我们当时的意识水平而定。与惊恐体验中发生的情况相似，当我们的意识水平出错或是遭到歪曲时，我们保持个体完整的能力便会被破坏。

安东尼博士说："你生命中最重要的事就是要扩展意识的疆域。去发现你所想的事情哪些是真的，哪些实际上不是真的。"

对我们所有人而言，这意味着……我们不是风暴本身。

之前我曾提及，停留于当下能帮助我们感受所处环境带来的痛苦和负担，即便那个当下是痛苦的体验；同时我也提到要将内在自我和外在世界区分开来。试着回想一下接纳与承诺疗法。在该疗法中，我们将感受和行为分开；面对身份认同，我们也可以采用这个方法。假如我们能够改变先前的假设，认清我们并非被这些发生在我们身边的事件所定义，我们便能拓宽自身的行动，成为自己所期待的那个完整的自我——自信满满、光芒万丈、洋溢着爱和自足。我承认，这看上去的确像是一个理想化的心愿清单，不过我们值得拥有的不只这些，还有更多。我们只需去了解获得它们的具体方法。观看风暴是为了提升觉察力，以了解生活的原貌，不论是好的、坏的，还是丑恶的部分，并且避免将风暴内化为自己身份的唯一定义。这件事非常重要，因为即使有时我们不喜欢一些事件的真相，甚至有时我们不能改变自己对于某些人或事情的感觉，觉察力能够帮助我们控制自身的言行和反应。这些便是我在这一章想要说的——对现状进行评估，以此获得更牢固的掌控。当你这样行动后，真正的疗愈便开始了。

我并非在一夜之间学会这些。我的自我评价一直很消极，这些错误的肯定性阻碍了我去了解自己、发挥潜能。我任由发生在我身上的那些事件来给自己下定义，以此决定自己是个什么样的人以及将要成为什么样的人，可能正是这个过程造成了我的不断消沉。这种生活状态被安东尼博士比作笼中之鸟，“不知道外面的世界有多广阔”。

自我十五岁起，父亲时不时会从狱中给我寄信。他的信件中常常充满了愤怒、厌恶以及控诉，他指责我、指责家人和他杀害的女子们。到了十七岁那年，我开始让我最好的朋友塔尼亚（Tania）帮我拆信。然后到了某一天，我还需要她将信的内容读给我听。这次收到的信件非常重要。因为在几周前，我一度陷入绝望，给父亲写了一封回信。我当时迷失了自己，需要家长的榜样、引导、关注和爱，这种需要是如此迫切，以至于我当时认为最好的选择是给父亲写信，征求他的意见。

我当时的家庭生活是一团乱麻。我在外祖母家地下室的一张简易小床上过夜，屋子里充满霉味、简陋至极，我和我的继父——一个总是怒气冲冲的疯子住在一起，而我的母亲总是不在家，就算在，也是心不在焉的样子；兄弟姐妹们不是躲到朋友家，就是去了社会救济站；家里还养着一个患有耳聋的婴儿——是母亲和继父的孩子。我告诉父亲，在十五岁的时候，也正是他被捕并定罪的期间，我遭到了性侵犯并意外怀孕，我向他解释这段暴行给我带来了多大的伤痛。当我开始讲述自己堕胎的那段经历以及当时孤身一人的感受时，眼泪不由自主地流了下来，沾湿了信纸。我很害怕，这种害怕的感觉刻骨铭心。我自问，他能否帮我指明一条道路，以平息我每晚的梦魇、哭泣、羞耻以及心痛的感觉——每次看到我同母异父的弟弟，想到若是没堕胎，我的那个孩子也差不多和他同龄时，我的心就感到一阵刺痛。我最终还是把这些事讲出来了。

塔尼亚拆开信后快速扫视了一遍、很是气愤，叫我不要读这封信。我知道自己应该听她的，却还是坚持要看。她先是阻止，但最终还是把信扔给我，并走到了房间另一头，眼里噙满泪水。没过多久，我领悟到她是为了我而哭。于是我向她恳求道："信里写了些什么？"

"他说你也是一个杀人犯，应该被关到他边上的牢房里。"

拉尔夫·沃尔多·爱默生（Ralph Waldo Emerson）说过："你整日思考的，即是你所成为的。"当我读到这句名言时，我感到他就是在对我说。每一天我都在想着，我是一个可怜的白色垃圾。我是一名杀人犯的女儿，不敢奢求神的祝福。我想，尽管我的贞洁是被偷去的，但我仍旧因自己不是处女而认为自己是一个荡妇。我想，我真的很坏，因为尽管知道自己的父亲是一个恶魔般的存在，但仍旧想要有个父亲。我想，我有一个愚蠢的母亲。

我很坏，我是父亲、母亲以及我自己所犯之罪缠绕而成的一个巨大错误。我一直都在想着这些事。每一天。在我的心中，我确实变成了这个样子。

用你经历的风暴来定义自己所造成的问题具有双重性：一是你并不了解风暴之外的其他可能性，二是你因此拒绝了解真实自我的机会。在这一点看来，爱默生说的完全正确：你成了自己所认为的那个人。

寻找方法，强化力量

从需要做的事开始，然后做可行的事，突然间你会发现，你已经在做你以为不可能做到的事。

——圣方济各（francis of assisi）[①]

在我观看风暴时，我非常努力地想要看清，并耗费了大量睡眠时间对未来进行设想，仿佛我的双眼便是那揭示未来痛苦情况的水晶球。在威廉姆·高德曼（William Goldman）的经典小说《公主新娘》（*The Princess Bride*）中，我最喜欢的一句话出自其中的邪恶伯爵之口："我有一个理论：对痛苦的预期也是痛苦的一部分。"如今想到自己浪费了那么多精力去担心尚未发生的事，我只觉得过去那些愚蠢的举动十分可笑。当时我只是在想象可能会发生的情况，但这就引发了痛苦的体验。当我们去设想未来的痛苦时，我们并不是在观看风暴——我们只是在预报罢了。事实上即便是我们最喜欢的气象学者都有可能对第二天的天气进行误报。观看风暴是在风暴发生时进行的，必须是当下的时刻。

即便此时是你一生中最痛苦、最厌恶的时刻，我们要相信感

① 圣方济各（1182—1226），又称亚西西的圣方济各，天主教方济各会和方济女修会的创始人。

受是会改变的。你可能以为这种感受会让你心力交瘁，但事实上你能学会承受。你的每一次平静无为都将会使你强大一分，你便不会被这个时刻所操纵。每一次你成功忍受这种痛苦、发现它其实不能杀死你，每一次你都能保证好自己的安全、然后成功求助，或每一次你接受了别人的帮助，或是你在某个时刻找到了某种自我照顾或自爱的方法，你都在变得更强大。直到未来的某一天，你可能会看到某个你所关心的人也将迎来同样的风暴，你便可以帮她度过这段时光。就像下文中，我在俄亥俄州的奇利科西镇所见到的那样。

在俄亥俄州的奇利科西镇观看风暴

我驱车穿过玉米地以及印有“奇利科西”这个镇名的浅蓝色水塔，抵达了一个工匠的家，屋子门口是一个弧形的门廊。从屋外飘扬的美国国旗到门口迎接我的拉布拉多犬，一切都看上去很正常、很平静。但当我走近木质的大门时，一张图片出现在眼前。贴在门上的是一张被太阳晒得褪了色的寻人启事。这便是我造访的原因了。这个小镇上先后有六名女性失踪，而伊冯（Yvonne）是其中一位受害者的母亲。我代表《每日犯罪调查》（*Crime Watch Daily*）前来对她进行访谈，希望能引起大众对此事的关注，包括她失踪的女儿和另一位失踪者，以及其他四名女性遭遇的谋杀。

悲哀有其特有的模样，而伊冯这段时间以来脸上都带着这副表情。我也模仿着她冷静的表情感谢她的邀请。屋里的墙壁上挂满了她女儿和孙辈们的照片。这里是她每天修行的圣殿。

“我每天从早上睁眼到晚上入睡，脑中总是想着夏洛特(Charlotte)的事。”伊冯告诉我。我问她是什么帮她坚持了下来。

“我和其他一些失踪女子的母亲们一起创办了属于我们自己的互助小组。我们会分享警方最新的情报，我们一起哭泣，我们可以用旁人难以理解的方式互相交流。这和当寡妇不一样，被贴上寡妇的标签等于告诉全世界你丈夫已经去世了。如果你失去了自己的孩子——没有任何的标签可以往你身上贴。”生活本身高深莫测、难以言说，作为其中的一部分，这些事情的发生也许并非偶然。

对于伊冯而言，观察风暴意味着关注这个严峻的情况并谨慎地和她的组员们互相联系、寻找答案。她不会停止寻找女儿，但她正试图利用一些技巧来采取周全的方式，以免给自己造成更多伤害。伊冯和媒体合作，为寻找她女儿的事寻求更多的关注和资源。她其实也可以独自烦恼着、被动等待警察局的答复，可悲的是，根据她女儿高危的生活方式，警方早已将其判定为死亡。但安然不动并非观看风雨的正确方式，它只会挖掘出你内心更深处的无助和恐惧。伊冯能够关注风暴的情况、衡量现实，并能审视内心，去了解什么能真正帮她渡过难关。她将条件反射变成了成熟的反应，这些反应帮她找到了其他一些方法来寻找女儿，比如联系我、邀请媒体、走到聚光灯下，从而得到了美国联邦调查局(FBI)的帮助，他们给这个小镇警方提供了对方所没有的一些侦查技术支持，如DNA检测等等。

在伊冯苦苦寻找答案、等待正义审判的同时，她只能靠女儿衣服上残留的气味来寻求心理上的安慰。

“我见过许多人，他们和痛苦相伴，并从中创造出了美好的成果。帮助他人——这是疗愈的一部分。”沃尔普拉比在我先前提到的变革性谈话中告诉我说，“我把这当成自我疗愈的一部分，这便是我们工作的方式。我因儿子的去世变成了一名更好的拉比，一个更优秀的人，一名作家。当然这一切都抵不上我所失去的，但至少从无意义的事中提炼出了某些价值。人们常会问你为什么会发生这种事，但这往往是一些无解的问题。我并不知道它为什么会发生，但是我知道我能用它来做些什么，继而这件事带来的就不仅仅是损失了。”

沃尔普拉比的一席话让我陷入了深思。问“为什么”是在关注已发生的事，这些事我们很可能无能为力，或是最初和我们并不相干，并且已然结束。“为什么”是一个无须进行反应的问题。但是“怎么办”却是全然不同的，它迫使人们进入“控制和征服模式”。一个现场急救员面对着正在燃烧的轿车，用救生颚剪开熔化的车门，此时他不会问：“为什么这辆车装上了油罐车？”他会问：“我该怎么样把这家人救出来？”在我们观看风暴时，我们将自己交托于当下，手握各自的独门兵器来拯救我们不安的灵魂。你可以试试，看自己是如何从被动的“为什么”转向主动的“怎么办”。当我将自己的问题从“为什么”变成了“怎么办”后，我自动地转向了当下，获得了在非理性思考和进行无用的提问时选择暂停的能力。

我相信，假如你去询问那些治疗师和可靠的专家们：为什么应当观看风暴？他们会告诉你一系列不可思议、精彩绝伦的故事，让你受益匪浅。我为什么要这么做？因为往往在我们试图躲避坏事时，它们会愈发地困扰我们。倘若我们试图逃跑，它会抓住我们不放。我很清楚这一点，因为我自己就曾一次又一次地遭遇这些。有些事现在不去处理，之后迟早也是要面对的。观看风暴给了我一个经历痛苦、但又不会被它击垮的方式：我不妨把这痛苦经历当作一场风暴，给它命名，承认它、接纳它，理清思路、完善想法、优化方案，然后和它道别。此时，我们几乎可以肯定（当然还要留有1%的不确定性），在这次问题解决之后，它不会再突然出现。

> 假如你感到孤独、抑郁、被情绪所淹没，或是完全不知所措，那么可以试试这样说："尽管这件事让我感觉并不好，但我相信它对我是有好处的。"这句"咒语"是从玛西·西莫夫[①]（Marci Shimoff）的书中得到的灵感，它可以帮你变回你自己。

打开你的情绪收纳盒

你是否曾有过这样的心情：非常想把屋子打扫一番。即使对一个生活杂乱无章的人而言，若能对地下室、橱柜、壁橱及梳妆台抽屉等好好进行一番大扫除，其效果无异于一次独特的心理治疗。这种整理的欲望常常是不期而至的。上一秒你还在看电视，

① 玛西·西莫夫，知名畅销书作家，著有《快乐人生7步骤》（*Happy For No Reason*）等励志作品。

无视着身边的账单、垃圾邮件以及埋在其中的电视指南，而下一秒你正在飞速地翻找收拾。这是怎么回事？是什么促使我们起身开始在那些垃圾中进行翻检的？

我的朋友萨利（Sally）拥有一个让人羡慕的习惯。当她经历了不愉快的一天后，她会马上回家，掏出一个垃圾袋。这个厚实的黑色塑料袋发出噼噼啪啪的声音，能通过疏通释放的方式，帮助她调整心态，清除过去，重新开始，控制焦虑、紧张、绝望等感受。"至少我通过这种积极的方式，发挥了它们的使用价值。"萨利解释道。我理解她所说的，当我最终决定整理自己的杂物并分类储存时，我也是如此心满意足。我拥有大大小小的收纳纸箱，每一个都用记号笔做上标记，为方便需要时进行查阅，我将它们整齐地堆叠在一起，但同时我又巧妙地将它们以一种可以被轻易遗忘的方式堆放在某个角落。

也许正是这个把物品打包藏好的嗜好使我如此钟爱《古董巡回秀》（*Antiques Road show*）这个节目。我的意思是，在这里，你不会见到像萨利那样的人，他们不会把家里的花瓶重复使用，他们拥有足够的资本回到那成堆的纸箱前重新检查他们的"所有物"。在这个过程中，我所喜欢的并非某对夫妇在跳蚤市场上购买展品的经历，而是他们回到家中、不得不在被他们遗忘的那些纸箱间穿行的时候。当你开始看得更近、用更新的眼光去审视时，你可能会觉得它是那么独一无二、充满意义甚至是令人不安，以至于你想带它出去兜个风。在《古董巡回秀》中，人们可以请专家来检验他们的物品，告诉他们自己所见以及该物品在金钱以外的其他价值，随后给出意见、予以估价。

我从中注意到：当人们发现那些被打包的物品实际上仍具有外在价值，他们会感到很高兴。即使他们后来发现这不过就是放在阁楼某个箱子里的杂物、不值几个钱，他们也不会不高兴或者后悔拿出来展示。这是为什么？道理在于，她最终会认为这件物品对她是有意义的。可能是因为她找到了换一个角度去欣赏的目的所在，亦可能发现自己心情改变之后，自己实际上很喜欢它或者它现在开始可以派上用场了。也许是因为她和当时打包的自己已然不再是同一个人。也许那次打包不过是一次心血来潮，当初就不是最好的处理方式。更有可能的是，这段经历会促使她查看其他许久以前做上标记的箱子，挑选出现在可用的东西。至少她可以把这些物品赠予有需要或欣赏它的人。

观看风暴就像是在查看那些箱子的过程，你面前有待处理、储存的是一些情绪体验。也许风暴刚刚发生，你给它做上标记并将它放好——你在心中用记号笔将它标记为“不要打开！抑郁、死亡、拒绝、破产、疾病、堕胎、吸毒、酗酒、强奸、家暴、内疚、悔恨、羞耻、责备、恐惧等”。

然而观看风暴可以帮你冷静下来，花一点时间审慎地再次打开这个盒子，像《古董巡回秀》中的专家那样仔细检查这些物品的内在价值。大多数时候，你最终都会像电视节目里的参与者那样——承认这件物品属于你自己，并存在一些只对你有意义的价值。

当我们再次回到加利福尼亚后，我身上就发生了类似的情况。我知道自己还有许多有待打包的东西，我在屋子周围用新的眼光观察我的所有物——先是在算请搬家公司要花多少钱，接着我的衡量标准变成了体积，继而是海运的费用，然后我走进仓库，看到我高中毕业时收到的雪松木嫁妆箱。我知道自己永远无法摆脱它，这箱子里装有我第一件圣餐礼服，我孩子的第一个婴儿毯，以及我从祖母那继承的茶杯，它们被放在高中时期的手工作品的上面。在好奇心的驱使下，我找了一张椅子坐下，开始往深处翻找，想看看底层会有些什么，任由雪松的气味唤起自己对过去的追忆。

“哦，我都忘了这个了！”我惊喜地喊道。在看到我孩子童年时期的照片时，我感受到了泪水的温度，加上对于时间流逝的一点愤怒之情。我并未冲着孩子那圆滚滚的肚子加以嘲笑，他们如今已经相当独立了呢。在箱子的一角，女儿的第一双鞋和我丈夫送给我的第一张母亲节贺卡之间，我发现一叠折起来的笔记本纸，圆珠笔的涂鸦已经渗透到了背面，纸张上留有从螺旋状笔记本上撕扯下的洞印。这不是我的笔迹，是来自于一个男生之手。我曾希望时间能帮我将他彻底忘记。

我是不是应该直接合上箱子？这样事情会更简单、干脆利落。毕竟离搬家只有三十天了。展开这封信只会打开伤害之源。但这一次，我告诉自己，尽管这封信代表了我生活中的一次风暴，不过此时，我是安全的，我是一个成年女性、拥有稳定的亲密关系，拆开一封自己都不记得有没有读过的信不至于把我的生活变得更糟。我试图将自己从风暴中抽离出来。我告诉自己，风暴并不是我本身，它只是某些已然发生的事，是我无力改变的过去，但它并不能代表我是谁或者代表我将成为什么样的人。

“我很抱歉没有听你的话，”这封信的开头是这样的，“我也很抱歉强迫你做这件事。只是我当时没有吃午饭，你也知道我没吃饭的时候会是什么样子……”

真是荒唐！强奸我之后还怪我的不是。我又想到了那次堕胎，但这一次我是通过平静的视角、对那个问题缠身的少女抱有深切的同情。我想起当时自己多么年少无知而又倍感孤独。假如我的女儿也处于类似的困境之中，我绝不会责备她。如今我终于消除了偏见，将这长期以来的重担从心头卸下。我曾经发誓不再原谅自己，但我决定打破这一誓言。

那封信后来怎么样了？我把它扔了。因为在我最爱的雪松木箱里保存了太多我所喜欢的礼物，已经没有多余的地方留给它了。

观看风暴，就是相信我们在痛苦面前、在暴露在外的伤口因被海水冲洗而感到刺痛时，仍然知道接下来做什么。一旦能观察我们的伤口，就像我当时打开雪松木箱那样，“治愈心灵”会在我们的整合之路上为自己探索更多的选择。

治愈心灵
——心声所处之地

若能心怀善意地应对痛苦，我们便有能力过上幸福快乐的生活。

——克里斯汀·内夫（Kristin Neff），心理学博士

这一章的内容包括：

创伤中的智慧

敢于害怕的勇气

因宽恕而自由

自我宽恕

内疚感和自我憎恨

试着温和自处：关于自我同情

积极的自我对话

当我观看内心风暴时，我开始识别并确认那些长期以来使我困扰的问题：因失去正常童年、破碎的父女关系而感到遗憾和悲伤。接下来发生了一件有趣的事。伴随着悲伤而来的是纯粹的愤怒。

我感到自己被剥夺了珍贵的回忆、失去了尊严、人生不再完整。我其实隐约知道自己并未挖掘自身全部的潜能。我感到非常愤怒，因为父亲的情况，我不得不四处躲藏、为自己的姓氏而感到羞耻，并为流淌在我身上的血脉感到惧怕。我是如此生气，以至于我曾以为他会为毁了我的生活而向我道歉，但他并没有表露过任何歉意，反倒是我自己对自己感到抱歉。

认清事实使我完全被愤怒所笼罩了。愤怒就是一条变色龙，根据不同情况会有不同的表现。就像那扮演成老奶奶的邪恶大灰狼一样，愤怒不仅会吹倒你的屋子，甚至能使你的世界彻底爆炸。

我很生气，我会哭。

我很生气，我会吐口水。

我很生气，我正在说话！（这句话是我儿子说的。）

我很生气，我感觉我病了。

还有很多别的话。

有时愤怒还会伪装成许多完全不同的东西。

我很抑郁，我不明白这是为什么。

关于愤怒的一个真相在于：它会让人产生强烈的报复心。根据美国心理学会（American Psychological Association）的报告：25%的愤怒事件会带有报复心，比如“我要编造关于上级的谣言，以此报复他”，“我想砸了她的车，让她也尝尝这个滋味”。有趣的是，我们的愤怒往往是针对自己喜欢或者爱的人，愤怒常常在父母和子女、配偶或者好友之间产生。

这不正是我们现在在此的原因吗？我们所爱或是所喜欢的对象让我们感到不公平、不被爱、害怕、羞愧、恼怒，而我们的目的不正是要从这段痛苦经历中恢复吗？何况，那个让我们有置身地狱般感觉的人，也可能就是我们自己。

我们已经愤怒了多久？在《观看风暴》这一章中，我们提到了战斗或逃跑应激反应，而愤怒正与此相关。它在我们感受到威胁或者经历了不公正的待遇时，提醒我们加以注意。它能帮助我们识别自己愿意忍受什么、自己的尊严何时受到了侵犯，帮我们传递一些关于安全问题的重要信息，例如一个母亲在集市上找到走散的孩子时，她会大喊：“你别再从我身边走开！”愤怒可以是激烈而短暂的，但它所造成的问题却像是余波一般影响到之后的生活。

长时间以来，我很害怕面对自己的愤怒，因而我将愤怒转向自身，变得郁郁寡欢。我的愤怒转化成了“慢性”的过程。我沉浸于自责之中，选择孤立自己来逃避问题。当我们生活在无法解决的愤怒之中，我们往往会封闭自己、躲藏起来。我便是通过食物来表达内心压抑的愤怒。

当我的应对方式愈发糟糕时，我才幡然醒悟。当时，我的男友肖恩（Sean）迫使我和他发生了性关系，并留下我独自决定所怀孩子的生死。我感觉自己是遭遇了同龄女孩可能遇到的最糟糕的困境，而且还看不到出路：未婚先孕；穷困而充斥着虐待的家庭；伴有虐待行为的亲密关系；被判杀人罪入狱的父亲。这些念头让我想放声大哭，但我只是在夜里蒙着枕头默默流泪。我能逃离穷困生活的唯一希望就是顺利毕业、拿到文凭，我知道此时养一个小孩会给我的前途彻底画上句号。当时肖恩狠狠地揍了我一顿，想以此将这个孩子杀死腹中，此后我便决定要堕胎。但在堕胎后，我却不能原谅我自己。没有人了解我当时的情况，这使事情更加糟糕。我一直感觉有解不开的心结。我发现我把一切目之所及的食物都塞进了肚子，即使不饿的时候也是如此。食物可以给我短暂的平静，但这种饱胀感并不舒服，只会让我比以前更加孤独和沮丧。印象中，我第一次有意识地通过食物来减轻痛苦是在搬到祖母家之后，母亲和我们几个孩子睡在地下室的帆布床上，把鞋盒当作抽屉来使用。拉下连着灯泡的电源线，眼前便是这个阴冷狭小、水泥地面的地窖，如今我们不得不称之为家的地方。不久之后，我的舅舅也睡在了这里，接着是我母亲的新任丈夫罗伯特（Robert）和我同母异父的弟弟。

与此同时，我的父亲还经常戏弄我们，说好来看我们却又不出现。心怀着愤怒、失望和羞耻，我大口大口地吃着土豆。我父亲没有来看我们，而是选择跟他的女友在一起，也正是这个女友让他如此突然地抛弃了我们。

父亲最终还是来看我们了。他对屋里空无一物的橱柜感到震惊，并带我们去食品杂货店买东西。我们买了整整五加仑[①]的桶装冰淇淋，以保证他走后很长一段时间，我们都有足够的供给。从某种程度上说，甜食能带来安全感，尽管这种感觉转瞬即逝。

我的愤怒感来源于：

- 未能将我的情绪识别为愤怒
- 未能向他人展示情绪
- 不相信自己有权利向他人倾诉自己的所思所想
- 不相信自己的感受，也不具备这种自我意识
- 他人的看法
- 媒体的宣传

成年后，我的愤怒感最主要的来源还是在于孩童时期没有人告诉过我无须如此自责。在我还是一个孩子的时候，从来没有人告诉我，那些侵犯我生活的恶性事——父母离异、家庭穷困、物质滥用、强奸、堕胎、无法阻止继父的喋喋不休、无法保护我的弟弟，等等——都不是我的错。我身边的这些大人们，从祖母到母亲、再到老师们，都没注意到我或是我的痛苦，或是他们看到了但却没有施以援手。这使我愈发相信，自己不值得被关注，我应该压抑自己的痛苦和羞耻感，因为这些情绪毫无价值——就像我一样，不值得被温柔对待。根据唐纳德·温尼科特（Donald Winnicott）[②] 的理论，这样的信念会使人创造一个虚假自我来取

---

① 液体计量单位，合八品脱或 3.785 升。

② 唐纳德·温尼科特，英国精神分析学家，客体关系理论大师，他远离了弗洛伊德对本能的强调，撰写了大量著作，阐释母亲与孩子之间的相互作用如何滋养或阻碍孩子发展。

代真实自我，以保护后者免除痛苦和自我厌恶的折磨。我只知道这个理论和我的情况出奇地一致。在我开始接受真实的自我——那个尚未经历无数糟糕事件的自己（我们会在《运用多种能力》这一章中加以讨论）——并学会自爱之前，我很羞涩腼腆、沉默寡言，总是恐惧不安、自怨自艾，无法信任他人，尤其是男性。

我近来最喜欢的一本书名为《不值得：如何停止自我厌恶》(*Unworthy*: *How to Stop Hating Yourself*)。如果可以的话，我真的很想找到作者安内利·鲁弗斯[①]（Anneli Rufus)，给她一个大大的拥抱。她在书中解释了人脑具有“消极偏见（negative bias)”的功能和倾向，这意味着，和美好时光相比，我们更倾向于记得那些糟糕的日子。在这个过程中，我们的脑内通路会重新建立连接，我们会从那些糟糕的经历中吸取教训。从某种意义上，我们重塑了自己的想法、习惯和信念，但问题在于我们所学到的却是错的。我们相信自己是坏的、无价值的，并采取某种应对策略，作者称之为“所谓的人格缺陷”，来保护我们不会再次感到自己没有价值。我们通过撒谎、伪装、犹豫不决和过多的道歉，努力地使自己免受伤害、回避与人深交甚至是拒绝相信他人。让人看清“真实自我”存在一定风险，因为正如你有多厌恶你自己那样，你要让他们面对的可能也是他们所厌恶的存在。我们大可不必这样。

米歇尔仍然记得在她的整个高中生涯都在食堂受人嘲弄、被指指点点，在“毕业日”上被人恶作剧，坐上了一把故意被弄散

---

① 安内利·鲁弗斯，美国著名作家，著有《一个人的盛宴》(*Party of One*: *The Loners' Manifesto*)。

的椅子并摔倒在地，周围的人为此哄堂大笑的场景。也正是在这一天，她得知自己被第一志愿的大学录取，但是最终羞耻感战胜了自豪感；她如今难以回想起拆开录取通知书时的“心情”，但是她仍清楚记得当时的羞耻感。就像先前所说的“战斗、逃跑或原地不动”那样，保留消极信息而非积极信息也是我们的一种生理性求生本能。借用一句鲁弗斯所做的类比：“对于进化中的生物而言，记住饥饿的狮子会咬人远比记住芳草鲜美更加有用。”

你是否也像米歇尔一样，痛苦在你心中留下了很深的印象，而对于那些达成重大人生目标时的喜乐之情却再也难以忆起？你的那些经历是否给你造成了极大的消极偏见，以至于你无法停止自我厌恶或是感到内疚而无望？若能认识到这并不是你的错，你便可以获得安慰。你要记住，自己总是倾向于注意消极的事件。鲁弗斯强调了“大脑可塑性”这一概念——这是一个好消息：大脑具有自我改变的能力，在此基础上开拓创造性的思维。但我最欣赏鲁弗斯的《不值得》中的一个观点是：我们无须完全站在消极偏见的对立面，对自己说漂亮话，试图用抹了蜜的胡萝卜将自己的真实自我从牢笼中引诱出来。我们只需不再对自己那么吝啬就好。

“你可能不会，也不需要永远喜爱你自己”，鲁弗斯在书中声明，“你可能不会、也不需要一直认为自己是天才或是赞美自己有多好。你可能不会，也不需要始终认为自己十全十美。你只需不再用难听的话数落自己。放下手中的刀片。忍耐、节制。我要求的不多吧？”

说得好，鲁弗斯女士。说得太好了。

创伤中的智慧

你难道不明白吗？这个世界的痛苦和烦恼，对于教导聪慧之人有多么重要，是这些赋予人心灵。

——约翰·济慈[①] (John Keats)

我一度认为以我的痛苦之深，我可能再也无法获得完全的治愈。你是否也能有过这样的念头？也许你也像我一样，你认为这种痛苦和糟糕的情况可能永远无法被治愈或是与之和解。

“疗愈本身具有矛盾性。”这是我从大卫·奈顿（David Knighton）医生具有开创性的作品《疗伤的智慧》（*The Wisdom of the Healing Wound*）中所学到的一点。奈顿医生在明尼苏达大学医学中心创立了创伤治疗研究中心（Wound Healing Institute)。他致力于通过整体化医疗的方式帮助人们在身体、情绪和精神各方面无法治愈的创伤中得到康复。他将其称为创伤治疗。

“对于生活而言，创伤和疗愈同样重要，”奈顿医生这样写道，“事实上，这两者在自然界中广泛存在，它们相辅相成，谱写了一支绚烂的生命之舞。进化和自然选择都是围绕着创伤和治

① 约翰·济慈，出生于18世纪末的伦敦，杰出的英国诗人作家之一，浪漫派的主要成员。

愈进行的。那些最能高效自愈的机体最有希望在繁殖中幸存。”

我带着问题饶有兴致地读了下去，继而发现了一个对痛苦经验全新的思考方式——将它们标记为创伤。就好像点亮了一个灯泡一样——它们的确就是创伤没错！回首过去，我看到自己的那些情绪创伤不尽相同。打个比方说，贫困中的童年生活留下的伤痕就好似需要缝针的切割伤，和继父一起生活的时光则属于锐器刺伤的范畴，而遭到强奸留下的则是内脏出血。奈顿医生对一些遭遇不同生理创伤并趋于康复的人进行了描述。他说这些人的创伤已经得到了恢复，而且一旦开始恢复，这些旧伤会成为生活本身的重要组成部分，它们会自然地复原，在此之前，我们无须强迫自己忘却这些伤痛。

就像一个孩子只有在真正摸到烫手的火炉之后才学会再也不去碰它，我们的情绪创伤也是这样，它们是以记忆的形式组成的。它们帮我们在体内存储了一些性命攸关的重要信息，包括哪里有危险、何时需要小心谨慎。了解到创伤的作用和意义之后，我感到释然，将它们当作自己存在或是呼吸的延伸状态。它们不再是一团紧密纠结的沉重情绪，而是负载我的能量的轻盈火球，我可以将它移动到任何自己想要的地方。

“创伤亦可以以其他形式铭记于心：一个伤疤。每一个伤疤都在身体上可见，但同时也是深入脏腑，它们提醒着我们‘不要再这样做了！’”奈顿医生这样写道，“我们心理的伤疤也是用这种方式提醒着我们。就像身体的创伤那样，心理创伤是关于‘组织和功能的*瓦解*’（disruption）。”这也正是我这么多年来所感受到的——*瓦解*，我找不到比这更好的词了！将感受准确地表达出来，我的前行之路发生了改变。将其定义为瓦解之后，我感到不那么怕它了，因为瓦解并不意味着永恒；我不会永远深陷于这个状态，这仅是我生命中一次短暂的停滞。也许我的大脑遭到了少许伤害，但我如今具备了从创伤中疗愈的智慧，奈顿医生是如此描述的：

> 创伤告诉我们自己是谁，曾去过哪里，未来意欲何为。我们的创伤使我们更加聪慧，获得更多幸存和兴盛的机会。这些教训会带来疼痛，一部分是愈合时的痛，一部分是必须付出的代价，因为若是不能好好记住，可能赔上的便是身家性命。

《治愈心灵》这一章主要讲述了如何疗愈创伤，以及如何把它们作为一种复杂却美丽的智慧加以接纳。这可能是整个教程中最困难的部分。为什么？因为其中的许多概念不像先前写下一份行动计划或是练习正念呼吸那样存在实感。治愈心灵的实践需要我们先在想象和心灵体验中进行练习，然后下定决心并精确地将之实现并持之以恒，将我们内在的自我的一部分分享给那个曾给我们带来伤害的外部世界。要做到这一点，唯一的办法就是渡过痛苦，所以请相信你自己。让我们现在就开始吧。

敢于害怕的勇气

有时你只有克服恐惧，才能看到对面的风景。

——电影《恐龙当家》（*The Good Dinosaur*）

如今我实现了帮助他人这一梦想，我想起一句话：“对自己所期盼的东西要当心。”这是因为我的工作需要自己在公众面前发言，而并非只是对着面前的茶杯自言自语……我能和他人一对一地相处，并能友善相待，但在一群人中……算了吧！多年以来我一直把自己当作一朵壁花①，做个旁观者。我一直不知道原来别的女性也和我有着类似的恐惧，直到有一天我在演讲中听到了她们的故事。我不得不参加一些演说，这样的抛头露面让我焦虑不已，甚至请求医生给我开一些灵丹妙药，以平复我不安的心跳和颤抖的双手。但最终我往往选择取消演讲来解决问题。在我了解到一条悖论后，事情发生了转机：“勇气就是去做你害怕做的事。你若不感到害怕，便也不会拥有勇气。”这句明智之语据说出自于埃迪·里肯巴克（Eddie Rickenbacker）——第一次世界大战的英雄。尽管我们中只有1%都不到的军人，但我们都有过类似于个人战争的经历——有时我们即便是感到受威胁，但仍旧无

① 壁花：舞会中没有舞伴而坐着看的人。

畏地穿越战火。我们有勇气去做让自己害怕的事，也许这意味着辞去一份工作、离开暴虐的配偶、和孩子断绝关系，或是为了马拉松进行训练。这脆弱的平衡让我们得以为之害怕、但又能勇于实践，我们正是这样一个矛盾的集合体。在《观看风暴》这一章中，我们强调了一些重要的方面，包括与痛苦经历所带来的恐惧以及其他情绪体验共处，学着避免让情绪影响行为，并回避那些会导致冲突或痛苦的场合。

我并非要强调恐惧的重要性，恰恰相反。我们害怕藏在衣柜中的邪恶女巫、害怕我们的孩子被拐走或是患上癌症，这些我们都会害怕。问题在于仅有恐惧是于事无补的，尤其是当我们试图去疗愈自己内心的时候。

我希望了解更多关于拥抱恐惧的概念以及恐惧是如何促进疗愈的。于是我找到了汤姆·拉特里奇，他著有多本帮人改变生活轨迹的书，其中就包括这本畅销书《拥抱恐惧：如何将你害怕的东西转变成你最棒的礼物》(*Embracing Fear*：*How to Turn What Scares You into Your Greatest Gift*)。他非常友善地给我发了一封邮件，针对这本书讲述了他的一些观点，包括我们是如何利用恐惧自我疗愈的，他提供了许多极具价值的内容。我当时想要知道的是，当我们感到恐惧时，是不是有一个普遍的决定性因素；我好奇是不是无论什么样的人、正在经历什么样的事，总是有一个核心的事物存在。

“是的！”拉特里奇在邮件中特地用加粗表示强调。“不确定性……就是建立在这个基础上。人类害怕不确定性，而且我们讨厌变化。但讽刺的是，对于生活，我们唯一能够确定的……对，就是变化。”

我正想给拉特里奇回复一句谢谢，我又听到了“叮”的提示音，有新邮件：

“对不确定性的恐惧是人类自我意识的副产物。我家的老狗并不担心自己正在变老、在一天一天逼近死亡这个事实。它是一位禅宗的大师——存在于当下，它只要每天晚上能看到我就很高兴，一如昨日或是此前的每一天那样。而另一方面，我呢，拥有所谓自我意识这个美妙之物——因而可以对各种各样的东西感到害怕。我们是如此害怕不确定性，常常为了逃避它，宁可做一些确定但消极的选择。不论是从个体上还是从社会层面来说，我们是什么人以及我们将成为怎样的人都取决于一件事：我们是如何和恐惧相处的。”

因此，在和恐惧共处之后，我们需要从自身的恐惧中有所收获，并试着做些什么。但这一步应当如何操作呢？假如真有这样一个阶段，那我们在这个过程中具体应该做些什么？对自己内心感受的单纯体验是如何有助于缓解内疚、羞耻和愤怒的？我敲击出这些问题，犹豫片刻，点击了发送键，紧接着感到一阵紧张。他会怎么回答我呢？也许我根本就理解错了。

“这和觉察力有关，”他回复说，“人们通常并不喜欢觉察不舒服的想法或情绪……我们需要找到属于自己的方法，让自己在感受恐惧时能保证有足够的安全感。通过练习，我们可以了解到，并非一定要彻底消除恐惧才能获得安全感。安全意味着‘我知道无论怎样，它是不会摧毁我的。我在这间屋内非常安全，我可以自由地观察自身的全部情绪。’”

艾雷莎（Alecia）的故事

在他们的第二个孩子降生后，艾雷莎的丈夫威尔（Will）变得孤僻起来。他不再握住她的手、不再拥抱她，也不再与她和孩子们交流。这让她感到非常沮丧。但又因为不了解具体问题出在哪里，她不知该如何说清楚究竟是什么让她如此沮丧。于是她表现得怒气冲冲、肆意谩骂、说些尖刻之辞。随后威尔便会说是她让他变得孤僻，艾雷莎最终认为自己可能患上了产后抑郁（postpartum depression）。她开始服用抗抑郁药，将她的需要压抑在心里并回去工作。

如今忙于工作的家庭都不敢奢求太多，夫妻之间总是会有摩擦，正是抱着这种想法，艾雷莎和威尔一直过着一种看似按部就班的生活。即便是他们已然将亲密接触以及相关的感情从夫妻关系中抽离了出来，他们仍可以轻易地将其归罪于混乱的时间安排、睡眠缺乏和孩子们的各种需求。

直到有一天，艾雷莎意识到这样糟糕的生活不能再继续下去了，她建议威尔一起去接受婚姻咨询，但对方拒绝了。

于是艾雷莎独自接受治疗。她告诉心理治疗师，她很担心自己可能患有躁郁症（bipolar），或是某种人格障碍（personality disorder），或者（根据她丈夫的说法）是因为母亲在她童年时破坏了她的自信心，导致她对丈夫产生了不切实际的要求。她觉得自己快要把丈夫逼疯了，总是在心理上虐待他，并使他疏远自己。她需要帮助，需要尽快修复自己，以赶在最坏的情况——威尔决定结束这场婚姻——到来之前解决问题。治疗师倾听了很久，最终总结道：“显而易见，这其中存在问题，但是艾雷莎，我要告诉你，你并没有得躁郁症。”

“噢，我的天哪！医生，那我是不是……因为酗酒？”

“不是的，艾雷莎。”

“那么我到底有什么问题？”

治疗师最终只是说了一句：“我们的时间到了。”

艾雷莎决定找到属于自己的“标签”，她换了一名治疗师。丈夫仍旧拒绝和她亲密，她通过食物来寻求安慰、每天睡很长时间，并坚持定期抽血、查验甲状腺功能，与此同时，她的体重与日俱增。艾雷莎也在一组数据中获得了些许安慰，这组数据告诉她，约20%的婚姻中是没有性关系的。

之后的几年，艾雷莎断断续续地接受着心理治疗，有一个晚上，难得孩子们都不在家，威尔问艾雷莎有没有兴趣一起看场电影。“实话说，我对于他不想利用这段独处的时间和我亲热，已经不会感觉失望或是吃惊了。这已经成为我们的生活方式。”

于是，一手举着一杯红酒，一手攥着儿子的万圣节的糖果，艾丽莎和丈夫在起居室看起了电影。三杯酒下肚后，她感到有些飘飘然，便鼓起勇气对丈夫进行试探。当威尔拒绝她的时候，她心想：“是啊，是我太着急了。感谢上帝，我们还有足够的万圣节糖果可吃。”

艾雷莎回想起她和威尔最初相遇的时候，那时的她能面对着一群销售人员进行演说，把他们逗笑、引得一阵阵掌声，大家都为她提出的独具创意的想法而喝彩。她还记得那个漂亮的黑发女孩——对，就是她自己，那个过去的她。过去的她可以因为心血来潮就飞去爱尔兰，过去的她不需要别人告诉自己，也知道自己是个好妈妈。

“在那一刻，我开始厌恶自己变成了这样一个病态的人。”艾雷莎承认说，“这个人总是觉得自己不够苗条、不够聪明、不够成功、不够完美，总是在嫉妒那些得到晋升或是获得荣誉的同事们，开始过于认真地讨论政治。我一辈子都认为这种人很做作，但如今我也变成了这样的人。如今在我身上已经很难找到那个过去的自己的痕迹，但这个真实的自我仍旧存在于某个角落。此前尽管在治疗中投入了大量的时间，但我对自己的了解仍不充分。此刻我对自己有了更深的认识，我突然很想知道，这个声称爱着我、也被我深深爱着的男人，是不是把我变成了一个更差的人？他是不是把我变得更像他了？我是否愿意一直这样下去？”

多年以来，艾雷莎一直感觉自己像是个活在皮囊里的异乡人，围绕着自己所爱之人打转，自己却为这种自我毁灭的模式所困。此时她突然不再畏惧。她已经任由恐惧感操控自己太久了。她总是在想，我需要帮助，需要修复尽快自己，以赶在最坏的情况到来之前解决问题。这是第一次，艾雷莎开始思考，也许这并不是我。

她最终和丈夫谈了一次，这次她没有像以前那样借着酒劲向他喊叫，而是坦诚相待。威尔坦白道；“我好几年前就不想和你这样过日子了。我爱孩子们，但我不想被束缚、深陷于婚姻的围城中。这不符合我的天性，我无法像这样生活，变得忠实、保守，这些压力迫使我不能做自己。我感觉自己仿佛要窒息了。我想要退出这段关系。”

实际上，艾雷莎一直知道，但始终在努力拒绝面对真相。她知道威尔是因为一些她无法控制的原因而在身体和心理上冷落她、疏远她、忽视她。“我宁愿找自己的问题、责备自己，也不想听他亲口说出我一直以来最为害怕的东西，”她说，“我最害怕的便是他不再想要我、不再想要我们的婚姻；那个已经破碎再也无法修复的，正是他本身。”

了解真相后，艾雷莎获得了前所未有的能力，去面对未来。“相较于愤怒，我更多的是为他感到遗憾，”她说，“对我而言，我还有很多事情要做。我不知道之后会发生什么，但我知道之后不再会发生什么。我们想象中最坏的事竟会变成有史以来最棒的经历，这实在是太有意思了。”

以往当我为自己的停滞不前和错误的确定性而感到受挫时，我会通过唯一一种可以战胜恐惧的方式来恢复活力——某种程度上类似于用尽全力闭上双眼、咬紧牙关、跳入沸腾的熔岩之中。然而汤姆·拉特里奇教会了我，在付诸行动之前，我们真正需要做的是创造一个安全的环境。这让我想起了我和孩子们的种种互动：在他们学步时给予帮助，在他们上床入睡前替他们关灯，或是在他们第一天上学时把他们留在学校。我让他们感到很安全。我告诉他们害怕是很自然的事，每个人都曾有过害怕的时候。之后，我看到他们获得了勇气，去做那些他们害怕的事。

练习：感受恐惧

以下是汤姆·拉特里奇提供的练习：

“想象自己正坐在一间很大的房间中央。当然，对我们每个人而言，这间屋子都有所不同：它是私人化的、安全的、熟悉的。这间屋子不久将充满你的情绪，但第一步，你先要在你坐下之前设定一些保护措施。这也许是一个透明而密闭的蛋，也许是一层树脂玻璃或是一副战士的盔甲，也许你会引入某个人的形象，你相信他足够强大、能在你身边保护你。任由自己自在想象，只要能让自己在屋内感觉安全。”

“接下来，带着自己的保护者，从你身处的位置看看屋内有些什么。没有规定的观看方式。这是一项全然主观的体验，现在我们要再一次发挥自己的想象力。我想告诉你的是，这些都是你的情绪、你的感受。用一切你想象得到的方式去观察、感受它们。此外无他。带着这个想象，你正身处自己的情绪之中。只是坐在原地，只需不断想象、直到你觉得足够为止，然后你便可以抛除所有关于情绪的想象，离开这个想象中的房间。这个房间属于你——在任何时候，只要你想要练习自己对情绪自我的觉察，你便可以把它召唤出来。”

在《像佛陀一样快乐：爱和智慧的大脑奥秘》一书中，瑞克·韩森和理查德·曼度斯提到，要想面对恐惧，我们需要利用正念的方法。他们将恐惧和其他精神状态进行比较，并将其解释成“由我们的精神活动创造出的状态，在恐惧产生时识别它，观察此时体内的感受，看着它是怎么使你相信自己需要变得焦虑的，”他们建议说，“留意观察，了解自己对恐惧的觉察本身是如何的不足为惧。和恐惧感保持距离，回到觉察的广阔空间中，在那里恐惧就像是漂浮的云朵一般自在来去。”

因宽恕而自由

当你不再将希望寄托于改变过去，这就是宽恕。

——奥普拉·温弗里[①]（Oprah Winfrey）

我被媒体问到过许多难以回答的问题，其中一个就是问我，如果我的疗愈和新生是建立在这个艰难之举的基础上，那我是否已经原谅了我父亲。这很难以回答，因为我确实花了很长一段时间去理解“原谅”一词对于我和父亲的含义。在我考虑原谅之前，我需要了解：若我决定原谅，我需要做出怎样的承诺。

2005 年，我刚刚当上妈妈，没有太多社会经验。当时，我白天总是花很多时间追一部电视调查节目，其中讲述了三起杀人案件以及两名失踪的孩子——八岁的莎士达（Shasta）和九岁的迪伦（Dylan）两兄妹，人们正在寻找他们的下落。执法机构掌握的信息很少，只知道在当年 5 月，莎士达和迪伦的母亲、母亲的男友以及他们十三岁的哥哥斯莱德（Slade）在家中惨遭杀害。对于是谁作案、另外两个孩子去哪了，相关机构一无所知。

我从未想到，在十年之后，我会作为《每日犯罪调查》的通

① 奥普拉·温弗里，美国演员、制片、主持人。主持有知名脱口秀节目《奥普拉脱口秀》（*The Oprah Winfrey Show*）。

讯记者坐在莎士达面前。她已经变成了一位年轻漂亮的女性。对于这项采访，我的感受颇为复杂。莎士达年幼时的面容在我脑海中停留了十年。我常常忍不住想知道这个小女孩究竟遭遇了什么。她还能否再拥有安全感？我一方面觉得自己的问题具有侵略性、有点哗众取宠；另一方面，我的这份工作就是想让像莎士达这样的人能有机会发声——他们遭遇的创伤如此可怕，以至于你可能想要完全跳过这个部分。但是就像是写一本食谱却不提及火候那样，想要对治愈心灵方法有全面的了解但却不谈及莎士达经历的可怕故事，是不切实际的。

在当地一家旅店的会议室里，我们打起灯、将镜头对准了坐在我对面的莎士达。我应该如何对她生命中最糟糕的一天进行提问？我这样问合适吗？我让莎士达引导这段对话，带领我进入她那地狱般的噩梦中。这段故事起始于她在爱达荷州（Idaho）库特内县（Kootenai）的家中，随后的情节极其恐怖。莎士达开始了她的讲述，讲到约瑟夫·邓肯（Joseph Duncan）将她双手反绑、固定在椅子上，逼她看着自己的哥哥是如何被殴打、被杀害。邓肯开着红色吉普车把她带走并对她实施了性侵。莎士达继而讲述了邓肯谋杀迪伦那天的具体经过——再一次当着她的面——在迪伦腹部和头部各开了一枪。我们俩都忍不住开始流泪，莎士达继续讲了下去。她当时被迫帮助邓肯将她哥哥的遗体盖上油布、看着凶手在这个九岁孩子的尸体上泼洒汽油。尽管他那时已经死了，莎士达仍认为她听到了他的惨叫声。她感到很无助，只能麻木地沉默着在树林中游荡。

邓肯身边只有莎士达一人了，在转移到另一个秘密据点的路上，他开车行至一家丹尼斯餐厅（Danny's）买点吃的。他们路过了一些广告牌，上面贴有莎士达和她哥哥的照片，此时莎士达哭喊起来。餐厅里值夜班的一个服务员马上就认出了莎士达——这就是出现在各大海报和广告版上的那个女孩。服务员很冷静地打电话给警方，并尽可能地拖住邓肯和莎士达。警察赶到后，走向面前这个孩子，询问道："你叫什么名字？"

我对莎士达叙述时镇定的状态感到惊讶。当时我脑中只有一个念头：你是如何从这样的经历中走出来的？在经历了这种程度的创伤后，怎样产生快乐甚至是活下去的动力呢？

我继续进行采访，问莎士达说；"此时此刻，如果可以的话，你想对这个杀害你全家人的凶手说些什么？"

"你再也不能操控我了，"她自信地说，"我不会再允许你夺走我生命中的任何东西。"

随后她补充道："我原谅你。"

过去的我——那个受伤的、生活在秘密和羞耻中、心怀恐惧的自己——一定会这样想：是啊。这真是荒唐！你刚刚跟我讲述的那些明明就是在说自己还没原谅他呀。

然而这个全新的我——这个在不断查找、学习并练习宽恕的自己——如今能够理解莎士达的意思：为了治愈心灵，步入理想的光明未来，需要我们做好准备，并准确理解宽恕的内涵。

这并不意味着当你回想起自己或自己想要守护的人所遭遇的那些令人发指的罪行时，你的血压不会升高，或是你必须时刻都很开心、将过去一笔勾销。这更不意味着你会希望那些恶人死后能升入天堂或无罪释放甚至是能拥有快乐的生活。

但是宽恕能够做到以下这样：它为我们提供了自由，让我们能不再耗费自身的精力，去做一些徒劳的事情，诅咒某人下地狱，或想象他被饿死在某个山洞里、渐渐腐烂，或是用针扎巫毒娃娃、让他再也不能快乐地生活。

你可以看到，宽恕和其他人并没有什么关系。它和你有关。全然取决于你。

原谅并不只是一种利他行为，反而是最好的利己形式。

——戴斯蒙德·图图（Desmond Tutu）

莎士达并没说她会忘记凶手的罪行，但她接受了失去家人的事实，她知道自己无法也不会试图去改变它。在这冷酷无情的现实面前，选择宽恕是莎士达摆脱过去阴霾的一次机会。在宽恕后，她可以不再寄希望于过去的另一种可能性，不论发生了什么都能继续生活下去，并创造一个不被过去所束缚的未来。

这个宽恕的主题看上去相当不切实际。我已经读过很多相关书籍，并有幸和许多思想领袖以及研究者针对宽恕的力量进行过探讨，但当我被那些痛苦、憎恨、失望、疲惫的感受所伤时，我仍旧很难会想到去宽恕。也许你在以前有过类似的感受，也许你现在仍有这样的感受。但是你还没有合上这本书，为此，我想对你说声谢谢。你仍拥有一份好奇心，想要了解自己能否做出原谅之举，或至少自己是否想要原谅，这是件好事，对吧？

我向弗雷德·勒思金博士（Fred Luskin）提出了这个关于宽恕的两难问题，勒思金博士致力于研究宽恕相关领域，他是该领域的主要研究者之一。我如饥似渴地阅读了他的作品《学会宽恕》（*Forgive for Good: A Proven Prescription for Health and Happiness*），这本书的封面上赫然印着一句警告："怨恨有害健康。"作为斯坦福大学宽恕项目的负责人，他开展了许多宽恕对身心灵所产生影响的相关研究，他应当知道答案。我需要了解更多，关于宽恕的原理以及它带来的得失。当勒思金博士同意接受我的电话采访时，我难以相信自己会那么幸运。

在《学会宽恕》中，勒思金博士写道："在严肃的科学研究中，宽恕练习被证实可以降低抑郁水平，增加积极信念，减少愤怒情绪，提升精神修养以及情感上的自信心，并能帮助修复亲密关系。"

"宽恕对于疗愈而言并不是最重要，"身处洛杉矶的勒思金博士在他忙碌的通勤路上和我通话，"它更像是帮我们驶上快车道。当你选择原谅，你是在说，'我和我的生活达成和解。我明白生活可能会非常艰难，因而我更不会让它将我击垮。这个世界上还有美好的事情存在，我就要去寻找它。我将要谱写一个迎难而上的故事。'"

为何我们如此难以宽恕

根据我从小被灌输的信仰，当一个有罪的人真心道歉并悔悟的话，他们便被"免除"了身上的罪。为了得到宽恕，他需要通过苦行来赎罪，这样便能被上帝原谅。我听到的版本是，一旦我进行了苦修，我将从上帝处获得清白。我错在把宽恕和赦免混为一谈，而前者并不意味着罪行就能一笔勾销。我将我所听闻的版本拿来和我生活中见证到的几种罪行进行比对：我父亲的所作所为，我母亲的缺位，以及我暴虐的继父。若是说要赦免这一切，连我自己都感到无地自容。假使我原谅他们，这是否意味着我们在某种程度上达成了一致？字典中，关于宽恕的定义是“免除责备或愧疚；无须承担事件的后果、义务或惩罚”。哇，我心想：这么说假如我原谅了他们，是否就意味着我同意他们不必再受到责备、不必继续感到内疚，也无须再承担后果了？难怪我会觉得宽恕不适合我。这件事太难了。

然而，勒思金博士解释说：“在原谅后，你便不再会被生活中的某一部分束缚住。你的大脑空间正被一对非常坏的‘父母’占据着。你所做出的原谅可以让你的‘父母’空出更多空间，让你的生活得以继续。”

当人们难以选择原谅时，无法原谅就成了他们不能过上好日子的理由，就像拄着一根不必要的拐杖一般。“这不是一件好事，”勒思金博士告诉我说，“因为人总是想要在有限的人生中克服困难，想在世上做点有价值的事。当你不想要治愈时，你会需要一个敌人、一个借口。假设你是一个脾气暴躁的人，那么你很轻易就可以说，‘嗯，我脾气不好，是因为我父亲毁了我的生活。’或者你也可以尽力避免成为一个易怒的人。一旦开始进入种典型的哀伤阶段（可能会持续数年），那么你便只需专注于自己的生活。你需要明白自己真正想要的成功生活是怎样的。过去发生了什么实际上并不重要。”

在我有幸和勒思金博士交谈前，我一直将宽恕视作一种姿态，多余之举，有时未必锦上添花，反倒可能出错。当我问勒思金博士应当采取何种方式去原谅，他帮助我了解到宽恕并非是外在的行为；它是一种内在状态、一种经历和体验。

"就拿快乐来说吧，"勒思金博士说，"假如你现在很快乐，不论你是为了某个人还是因为洋基队[①]（Yankees）赢得了世界职业棒球大赛（World Series）的冠军，或是你为了自己而高兴，这个具体对象其实并不重要。快乐的感受是大同小异的。引起快乐的原因并不会让这感受有太大的不同。同样的，当你试着原谅时，你的目标是获得内心的安宁、停止责备、和生活和解。和快乐的情况一样，你想原谅的对象不论是自己之失还是他人之过，其实没什么不同。你的最终目的是想要摆脱现状。"

"我开始关注的是人们迷失于他们自己杜撰的故事中，从而难以体察宽恕的心态。'噢，你不会相信我十四年前经历了什么。'他们会这样说。然而在这十四年里，约有五千万人遭遇了恶性事件！这种做法代表了我们文化中的一种自我怜悯的窒息感，它将我们周围的空气抽取一空。但当你选择原谅，你的所为就像是将空气再次注入其中。"

在这场对话中，勒思金博士卸下了我心头的重担，我至今仍心怀感激。我曾将过多的责任归咎于自己无法宽恕，这使我总觉得自己不够好，加剧了内心愧疚、羞耻和责问自己"到底是哪里出了问题"的恶性循环。然而，他说，就像汤姆·拉特里奇所说，我们无须宽恕也能从痛苦经历中痊愈。因此我无须操心自己

---

① 纽约洋基是美国职棒大联盟中，隶属于美国联盟的棒球队伍之一。主场位于纽约的布朗斯区。该队曾在 40 次的世界大赛中，赢得 27 次的冠军，也是在所有的球队中，唯一每个守备位置皆有球员获选登录棒球名人堂中的球队。

是否要通过这本书劝说每一个人去原谅，而且告诉别人若是你做不到，你就不能成为完整的自己。勒思金博士睿智的回答启发了我对于这个问题的思考：宽恕是人类力所能及的，而赦免则只有神能做到。

宽恕不是什么

- 它不是装作什么都没有发生。
- 它并不是说你的伤害是合理的。
- 它并不容易做到。
- 它不等同于软弱。
- 它并非遗忘。

能帮助你疗愈的物品其实有很多：时间、心智、朋友、希望。宽恕就像是让你驶上快车道。它代表着我们已经和生活达成和解，尽管遭受了痛苦，但仍相信世上存有真善美，并能心怀希望、不断追寻。它是一种内在的心理状态，谱写了一支胜利的乐章而非败者的悲歌。

一直以来，我以为宽恕是为了那些伤害我们的人而做的。但事实上完全不是如此。它的对象是我们自己。就如勒思金博士指出的那样，“它并非‘我将你从你犯下的罪行中释放’，而是‘我将自己从你犯下的罪行中释放’。”

为了我们自己，是否至少试着原谅一次呢？假如不试一下的话，或许我们会被自己内心的怨恨所摧毁。宽恕可以为我们带来希望，不会被自己过去的遭遇限制住梦的格局。对许多人而言，不原谅已然成了一种行为模式。“连环杀人犯的女儿”这一身份将我困在周期性的羞耻感之中，让我理所当然地躲在家中、不去申请大学，一步步远离自己心中的梦想。当我从羞耻感中走出、获得属于自己的身份认同，并原谅了过去的一切后，我得到了解放，进入了一个新的世界。唯有抛开手边的拐杖，才能在这个新世界更好地生存。

勒思金博士给我呈现的观点中，其中最具启发意义的是：宽恕不应被当作宗教性的行为，而应当是世俗化的举动。“宽恕能否帮我们过上满意的生活?”这其实是一个心理健康相关的问题，和其他我们正努力应对的心理问题没有什么不同。

在《宽恕之书：疗愈自我和这个世界的漫漫长路》（*The Book of Forgiving*：*The Fourfold Path for Healing Ourselves and Our World*）中，戴斯蒙德·图图主教和默福·图图（Mpho A. Tutu）展示了两个宽恕的模型，其中一个便是知名的带有“附加条件”的宽恕，另一个模型则不如前者那么常见，“将宽恕视作一种恩赐，一个免费的礼物。”给宽恕带上附加条件的情况，就像这样：“你从我这偷走了五美元，那么当你把这五美元还给我的时候，我就原谅你。而更加有意义更持久的模型是像这样演绎的：你欺骗了我，尽管你可能永远不能再重拾我过去对你的信任，但我也不希望自己伤害你。而且我也不会因此就轻易地怀疑每一个想要接近我的人。”

两位作者继续写道：“发生的就是发生了，忘记历史并不能解决问题。当我们忘记不是事事都能顺心如意时，可能就会忘记规避风险。试试看吧，当我们对所爱之人许下承诺并走进婚姻殿堂时，我们便经历了一次信心的提升；同样的，当我们试着去原谅时，也会得到这般信心的飞跃。我们不是要忘记或是否认自己是脆弱的、可能会再次受伤，但我们仍旧取得了重大的进步。”

练习：调节内心的谦卑感

在《像佛陀一样快乐》一书中，瑞克·韩森和理查德·曼度斯设计了一场练习，名为“一万种事物”，以此帮助我们调节内心的谦卑感。练习步骤如下：

放松自己、平静内心，进行缓慢而深长的呼吸，直至你将注意力完全集中于呼吸之上。

想象一个曾经伤害过你或者让你生气的人，这个人也可以是你自己，比如：你的所作所为违背了你的核心价值，让自己感到失望。

韩森博士认为，可能有一万种事物影响到了这个人的行为！你能否想象这些事物，可能是生理、环境或是个人因素，是如何影响到那个人的？对我而言，我想起母亲，想到她嫁了一个冷漠的丈夫、有着一个情感疏离的母亲。我母亲受到了怎样的影响？在她的成长过程和环境中，是什么样的痛苦经历、怎样的性格和智力因素对其施加了影响？我曾经很为母亲受伤害的经历而感到生气，因为她任由自己和继父生活在一起，而继父残酷地虐待她。但我也了解那些让她变得如此容易满足而对自己甚至是孩子们都缺乏保护意识的原因。在她的成长过程中，她父亲没能帮她树立自尊心，让她相信自己是个能被丈夫喜爱和尊重的公主。她的母亲也没能成为强有力的楷模，而她自己又为精神错乱的第一任丈夫而感到失望。

试想一下某人将你带到某个场景中，而你现在饱受其扰。有没有一万种不同的因素使得他/她做出这样的举动？

考虑一下这个人的生活背景：他/她的种族、性别、阶层、工作、职责以及日常压力。

考虑你所知关于这个人童年的情况，比如说这个人就是我，试想她的祖父是如何变成一名酒鬼的。考虑这个人成年后经历的重大生活事件，例如她是否是一个连环杀手的女儿，常感到不安和羞耻？考虑这个人与别人对话、批评、日常互动的方式。她具有什么样的个性特征，害怕什么、不能忍受什么，她的梦想、希望是什么？

回顾这些扎根于此人基因中的历史事件，有些事情也许是她本人未曾亲身经历的。例如一名大屠杀幸存者的孙辈或是因为一次强奸而诞生的孩子。现在再一次转向自己的内心。你现在对这个人的感觉是否有所改变？你对自己的感觉是否有所改变？

每个人都有属于自己的故事

在我看来，我父亲曾有过两个爸爸：戒酒前的爸爸和戒酒后的爸爸。我父亲看上去为此而遭受了情感创伤。尽管我从未见到过祖父最可怕的一面，但我见过自己高大的父亲在他面前畏畏缩缩。不过在我出生后，祖父成了一名基督徒，他的脾气变得更加温和，有时候还会有点慈爱之意。

观察我父亲和他的家庭让我对母亲及她的家庭产生了好奇。我母亲其实在内心深处很关心我们、爱着我们，但她过去很难流露自己的情绪。她结婚后做了13年的母亲和家庭主妇，但当我父亲因为别的女人离开她后，她不得不走出家门去找工作，这是她人生中第一次求职。我仍记得她厚厚的眼袋，她为了勉强糊口打了几份工，这些对她而言实在是太不容易了。

我母亲在印第安纳州一个信仰拜占庭天主教的家庭长大。在外祖父离开家后，外祖母不得不靠一己之力养育六个孩子。在那个时候，社会对于这样的情况还是抱有不少偏见的。我外祖母尽己所能，让这个家庭挣扎着生存下去。在这样的情况下，外祖母成了一个顽强坚韧的人，但对于孩子而言，她则是个冷漠的母亲。我母亲从自己的家庭中学到不要去讨论问题或是表达情绪，家人相互之间不会拥抱，也不会热情地打招呼，或是说"我爱你"。如今我看到自己的母亲正在经历同样的状态。我知道这对她而言一定很难，尤其是当她与我们渐行渐远的时候。

"要对他人的罪行心怀宽恕。"我是在这样的信仰中长大的。我过去认为这意味着无论他的行为有多出格，我们都要接受它。如今我明白了，宽恕不等同于遗忘。我们可以继续自己的生活以达到宽恕，但我们不需要继续忍受这些暴行。宽恕之举让我们得以善待自己，并善待我们生命中所爱之人。继续沉浸于羞耻感中，将秘密深藏，并以受害者自居，这些行为既不能让我好好地照顾孩子，也不能帮我树立起自己应当成为的榜样。正是如此，我成了一个打破沉默的母亲，我不再自称为受害者。

这让我想到了和大卫·沃尔普拉比关于自怜和受害者的一段对话。"我一向对那些经历过创伤但并不因此自怜的人感到吃惊。他们不会问：'为什么是我？'"沃尔普拉比说。我点头表示同意，并联想到一些伟人，他们不轻言自己所受的苦难，就算谈及也是举重若轻。而我们大多数人在经历不幸时，往往还是会问 ："为什么是我？"

"为什么偏偏是我的车胎漏气了？""为什么偏偏是我出身穷困？""为什么我不得不去埋葬我的狗？"沃尔普拉比指出，不过当一些好事发生时，这一类人往往不会将此算作他们幸运的证据。

你衡量伤心之事的方式即为你衡量幸运的方式。

——大卫·沃尔普拉比

沃尔普拉比分享了一个关于他自己是如何开始"我好苦"这个俗套剧情的故事。当时他还是个孩子，在暑期摔断了腿，"我当时觉得这是世界上最糟糕的事情，因为这整个暑假我都不能去游泳了。"

于是他把不能去游泳的这段时间用来读书了。这两个月中，沃尔普拉比对他人撰写的故事深深着迷，最终在他心中埋下了成为作家的种子。

"摔断腿这件事，"他说，"成了一个美好故事的序章。"

对过去发生的事加以重构，不论对象是那个伤害过你的人的故事还是事件本身，都能将这件事导向一个不同的结局。过去发生的事只是你未来的一个序章。这并非是要你去否认或是要为坏事正名。"我们只是不想将精力白白浪费在不必要的事情上。"

自我宽恕

假如你想善待他人，首先善待你自己。

——图敦·耶喜喇嘛[①]（Lama Thubten Yeshe）

原谅他人的确很难，类似的是，我们更容易帮他人摆脱困境，而不是从自己犯下的过失中走出。拉尔夫（Ralph）就是最好的例子。

拉尔夫不能再忍受他作为一家大型公关公司创意总监的工作了，多干一天也不行。十年以来，他一直在参加这场“合作博弈”并打算退出。但想到自己有两个孩子要养，他又忍受了五年时间，周末还打了一些零工，这才使得家里收支相抵。他的妻子玛利亚（Mariah）不希望看到丈夫继续承受这样的生活，鼓励他将自己的幸福放在第一位。于是拉尔夫结束了自己在公司的十六年职业生涯，离开了这个岗位。

拉尔夫将他攒下的钱用于追梦——他投资了一家小啤酒厂。拉尔夫的童年生活是在北加州度过的，自从他的祖父教会他如何用当地的蜂蜜酿造蜂蜜酒之后，他便对啤酒产生了极大的热情。

---

① 图敦·耶喜喇嘛，男，藏族，1935年生于拉萨附近的小山村托伦。当代著名的格鲁派高僧，“护持大乘法脉联合会”（FPMT）的创始人，致力于把藏传佛教传播向欧美的先驱者之一。

如今拉尔夫住在东海岸一个高档小镇里，他很高兴自己能将他的啤酒推向市场。然而不久之后，拉尔夫了解到，和艺术、激情相比，酿酒更是一个生意。由于缺乏作为企业家的敏锐性，拉尔夫将他的财产用在了错误的方面，以至于他不得不从孩子们的大学基金中“借”出一笔钱来保持资金链的流通。此时拉尔夫才认清自己的真实处境，并向玛利亚坦白了一切。拉尔夫情绪低落，感到羞愧万分，觉得未来毫无希望。

假如拉尔夫是你的挚友，你会和他说些什么呢？倘若是我的话，为自己做出了一次值得的尝试并承担了其后的风险而自责，是很荒谬的一件事。我将告诉他：他仍旧有着妻子的支持、心怀成功的愿望以及在酿酒方面的天赋和手艺，他还拥有很棒的创意、有足够的积蓄支付全家人一整年的生活费，他可以单枪匹马、夜以继日地开展酿酒业务、出售商品、运营工厂。

然而我们都知道宽以待人有多么容易，我们很高兴自己能有这样的能力，在他人处于黑暗中行走时为其点亮一盏灯；当他们在马拉松途中喘不过气时为他们加油打气。但当事情归咎于我们自身的过失、不走运或错误的想法时，我们却总是认为自己是“罪有应得”，不应当被人原谅。这种痛苦表现在方方面面：我们向他人表示要严肃对待自己犯下的“罪行”；我们知道自己有多可恶；我们不需要别人告诉我们自己有多差劲，因为自己清楚得很。我们将内心的自怨自艾外化成非语言的信息，告诉世界我们是多么令人讨厌——故事到此结束。

当他们讨论到提交破产申请时，玛利亚安慰拉尔夫说这不是他的责任，但他却无法释然。她告诉拉尔夫，他给孩子们树立了一个很好的榜样，教孩子们学会坚强、相信自己，但他却回答说自己的做法“很自私”。玛利亚还援引了许多历史上知名的投资者和企业家的生平，他们都经历过一次又一次的失败，拉尔夫只是翻了翻白眼。

假如你曾试过在你所爱的人陷入低谷时让他“往好的方面看”，那你现在应该知道真的要做到这一点是有多么困难。在拉尔夫的事例中，玛利亚继续徒劳地提醒他，他们尚未流落街头，银行会和他们一起想办法渡过难关，他随时可以重拾过去所做的零工或是找一份稳定的工作。她还试了一些别的方法，包括了老调重弹的金句：“我们都还健康，孩子们都还小，而且我爱着你。”但拉尔夫依旧没有去注意这些事实。他拒绝面对当下，拒绝看清自己正在对自己做什么、自己是如何将事情变得更糟。他将精力用于自我厌恶，正是因此，他对其他事情始终不闻不问。

最后，拉尔夫不和玛利亚交流了，他完完全全将对方排除在自己的生活之外。到了晚上，玛利亚独自上床入睡，而他则会拆开一袋 M&M 花生豆，就着伏特加酒吞下（此时即使看一眼啤酒都让他浑身难受）。有一天拉尔夫甚至告诉妻子希望她能离开自己，因为她不该和这样一个失败者一起生活。他和孩子的接触越来越少，体重则是在不断上升，和家人朋友对话时总是咄咄逼人。

“我们如今简直是一贫如洗，”他说，“我永远不会原谅我自己。”

拉尔夫为自己之前的决定而后悔，这种悔恨感渗透了他生活的方方面面，以至于他最终选择承认失败而非自我宽恕。假如我能为拉尔夫做些什么的话，我会建议他了解一下玛西亚·坎农（Marcia Cannon）博士在她的著作《会生气，你才能健康：让你生活焕然一新的“七步积极生气法”》(*The Gift of Anger: Seven Steps to Uncover the Meaning of Anger and Gain Awareness, True Strength, and Peace*)中提到的观点，她认为是人就会犯错，有时候错误可能会是灾难性的。“每一个错误都可能成为治愈的良药，帮助你提升自我觉察，变得更加坚强，并深化你同他人、同自己的平和状态。”坎农博士如此写道，“假如你能根据书中步骤一步步实践，你将发现你能够越来越包容和欣赏自己以及身边的人。”

坎农博士说，我们若是将赎罪（atone）这个词拆开来看，它就变成了：一致（at one）。因此，她将赎罪（atonement）定义为“一致之物”(at-onement)，是一种与自己和他人达成一致的感受。她说：“在我们准备做些什么，来满足与自我或是他人关系中的需要时，你实际上是在问自己，‘为了达成一致，需要做些什么？’……这实际上是一个值得不断思考的问题：‘我是否和自己、和身边的世界达成了一致？假如没有的话，我需要做些什么，才能拥有更加积极平和的连接？’你可以问问自己这个问题，然后遵从内心的答案。”

爱和自我是一体两面，你若是找到了其中一个，那么另一个也就在你囊中了。

——利奥·巴斯卡利亚（Leo Buscaglia）博士①

---

① 利奥·巴斯卡利亚，世界著名的演说家和作家，致力推行广义的“爱”，他的书几乎变成“爱的圣经”，演讲几乎变成爱的传道。他曾创造了5本书同时登上《纽约时报》畅销书排行榜的纪录。代表作为《一片叶子落下来：关于生命的故事》(*The Fall of Freddie the Leaf*)、《爱、生活与学习》(*Living, Loving&Learning*)。

我采访了汤姆·拉特里奇，他写了好几本畅销书，其中包括《自我宽恕手册》（*The Self - Forgiveness Handbook*）。书中阐明了许多真理，富有洞见，我甚至觉得在书里的每一页都能看到自己，不过我所看到的自己是置身于一种与众不同的温和灯光之下的。拉特里奇非常了解自责以及生活在持续性自我惩罚中的状态。他曾经有过一段酗酒史，现在已经从中恢复。他有一张长长的清单，上面记录了自己改过自新前的条条陋习，他每天都努力地提醒自己，告诉自己值得被爱、被尊重、被信任。

拉尔夫这样的人对于拉特里奇而言并不陌生。他在自己的个体治疗中曾处理过这样的来访者。他们基于不同的原因，认为自己毫无价值可言，并通过一些方式进行自我惩罚。这些方式从吸毒到进食障碍，从承诺恐惧症到强迫症应有尽有，不过在他看来，低自尊是萌生这一切的土壤。

我猜测拉特里奇应该知道为什么我们总是能宽以待人却难以原谅自己，甚至即便是那些被认为是“受害者”的人仍不能做到自我原谅。以下便是他的回答：

> 自我们出生以来，我们就被教导要去宽恕别人；但对于自己的宽恕和同情却少有提及。我们被教育说考虑自己是“自私的”。自私这个词具有强大的负面能量，常常会给我们带来羞耻感。当然也没有人会告诉我们其实存在积极的自私。对，积极的自私。我对此有一个明确的定义：积极的自私就是关注自身、照顾自己，这不仅不会伤害别人，实际上还对他人大有裨益。

我认为我们总是倾向于将宽恕自己和逃避责任联系在一起，这种想法使得我们更加难以自我原谅。我曾帮助过一些需要提升自我同理心的人。在大多数情况下，我最需要告诉他们并反复强调的，就是宽恕自己和免除责任无关；宽恕自己并不会让我们不再感到内疚、从而一错再错。（与此相反，现在的情况是自己目前没再犯错，却内疚不已。）实际上，当我们犯错时，健康的自我宽恕和健康（匹配）的内疚感紧密相连——若能将这两者结合在一起，你便学会了改过自新的方式。

如何改过自新（5“T”练习）

1.（Take）从表面上客观评价自己。接受自己的一切，包括缺点，这有助于让你了解，在成长和进步的过程中伴有错误和失败。

2.“糟糕”（Terrible）并非你的代名词。提醒自己始终保持良好的初衷，自己不是一个坏人。

3. 告诉（Tell）其他人。向你信任的人倾诉，对方会告诉你为什么爱你以及你为何值得被爱。

4. 和你内心的“审查者”对话（Talk），告诉他们可以不要再插手了。将你的缺陷当作一个实体来对待，并认清这些缺陷，它们并不能代表你是什么样的人，也并不符合你的核心价值观。这样一来，你能够更自如地解开心结。

5. 反败为胜（Turn the tables）。问问自己，当别人正处于你的情况时，你会对他说些什么。

以下是关于“改过”这个词的一些注解。拉特里奇告诉我，在嗜酒者互戒协会（Alcoholics Anonymous）中，有人曾经提出过一个很棒的观点：“改过”并不意味着道歉，而是意味着“改变”。假如你只是道歉，而没有向关键性的改变迈出一步的话，那么这种道歉就是流于形式、空洞虚假的，而且并不带有任何自我同情在内。

“假如我只是道歉，而不去做任何改变，那么这次道歉就成了又一次施虐。”拉特里奇告诉我说，“我的治疗师曾对我说过，‘汤姆，你要知道，你在自己失控后的第二天给妻子买一束花作为补偿，这个行为和你当晚将吸尘器扔到屋子另一头的酒后失态其实没什么两样。’”

我们并不希望将自己视作无用的废物，只会做一些姿态迷惑自己。自我宽恕需要通过一系列的相关改变来改过自新，否则你就只是在自我施虐而已。自我宽恕是一种承诺，你告诉自己将在努力做出改变的同时支持自己坚持下去。自我宽恕就是跟自己说，我原谅你，随后将你的精力投注到真实而持久的改变中去。

内疚感和自我憎恨

我们对待错误，应当像眼里揉不得沙子。一旦你发现问题所在，不要急着声讨自己或是感到内疚，而是马上摆脱它。你越早开始应对，你将越早从这痛苦中得到解脱。只有这样，你才能继续过上富有创造力的生活、树立自信心、发挥出你无限的潜能。

——罗伯特·安东尼，心理学博士

对我们自身的负性认知往往会阻止我们原谅自己。因此在自我宽恕的练习中，我们将关注这些负性认知。当谈论自我宽恕时，我们的主要目的并不是回答“我该如何原谅自己”，而是提出一个更加具体的问题：“我是否值得被原谅、被同情、被爱？”汤姆·拉特里奇说：“当我们活在双重标准下，认为‘你值得拥有那些美好的事物，而我不配（因为我就是个差劲的人）’，那么我们便难以原谅自己。”比如说，拉尔夫并不相信自己值得为了经营啤酒厂放手一搏，也不相信在争取一份令人满意的事业这一过程中，他的表现已经可圈可点了。他只愿相信自己作为一个丈夫、一个父亲，就意味着“我的个人生活并不重要，我应当为了家庭的安定牺牲全部自我，包括我的理想。”这种想法彻底错了。尽管他目前遭遇了财政困难，但他的生活尚未走入绝境。我们将在《运用多种能力》这一章中看到许多有力证据，展现了当他人依赖于我们而非我们依赖对方时，我们的生活质量会变得愈发重要。

我们总有那么一两次用消极的眼光看待自己的时候。这些充满负能量的、错误的信念究竟从何而来，为何它们会如此挥之不去，以至于将我们淹没于愧疚之中，无法原谅自己？

“内疚感是一种价值判断，通过将外在的权威形象施加于自己身上。”罗伯特·安东尼博士在他的作品《完美自信的终极秘密》中如此解释说，“内疚感是当今社会最常见的压力形式之一，世界上到处都有感到内疚的人。除非你已经战胜了这种摧毁性的情绪——这样的人实在是太罕见了，否则你可能还是和大部分人一样，共享着各式各样鸡毛蒜皮的内疚感。”

我也是如此，总是缺乏自我宽恕，和过剩的内疚感不断抗争。听闻安东尼博士的言论后，我感觉好多了。根据他的说法，我们都有相同的处境，那也就意味着我们可以通过类似的方式摆脱现状。既然绝大多数人的内疚感不外乎来源于宗教、家庭、朋友、社会、教师、教练等，那么我们理所当然可以通过宽恕来相互激励并相互展示自己的价值。安东尼博士同意这个观点，不过他也警告说我们还有更重要的任务要先面对，他把这些外在的评判称为“内疚机器”。

“内疚感是操纵者的基本工具，”安东尼博士在书中直白地写道，“对方所需要做的只是让我们感到内疚，然后我们就不得不尽快回到他们所提供的恩典之中。”这便是真相，不过我们在《运用多种能力》这一章中会对此加以讨论。

现在我们了解了几种不同的内疚感，其对象包括父母、子女或是社会上的其他人，不过我们在整合自己的过程中唯一需要重视的便是自我强加的内疚感。安东尼博士说：“自我强加的内疚感是所有内疚感中最具毁灭性的。当我们认为自己打破了自我的道德准则或是社会道德准则时，我们可能会将内疚感加诸己身。当我们回顾过去的言行，发现我们做出了不明智的选择或行为时，就可能会产生这种感觉。我们审查着自己的所作所为——无论是批评他人、偷窃、欺骗、撒谎、吹牛、违反宗教戒律或是其他我们认为错误的行径——这一切都是对应着自己当下的价值体系完成的。在大多数情况下，尤其是在我们为了自己的过失而自我鞭挞并努力寻求改变的时候，我们所感到的内疚表明我们很在意此事，并为自己的行为感到难过。只是我们没能认识到：过去已经过去，一切无法重来。”

感到内疚和从经验中学习是两码事。“承受这种加诸己身的内疚感审判仿佛是一场神经质的旅程，如果你还想让自信心得以完善，那么最好尽早摆脱这种状态。”安东尼博士在文中指出，“感到内疚无助于自信心的建立，它只会将你变成一个深陷于过去而在当下却动弹不得的囚徒。当你心怀内疚时，你会远离正常的轨迹，只能生活在当下，无法向未来迈进。”

安东尼博士的一席话让我想到了艾雷莎，她曾经为了让丈夫理解自己，付出种种努力、经历诸多困难，最终发现对方只是不想再继续这段婚姻了。无论是情感上的亲密还是物质上的关联，艾雷莎的自我价值都建立在她的婚姻关系之上。于是当她两者都不再拥有时，她发现最简单的应对方式就是责备自己没能遵从内心而活。为了逃避恐惧，她还将自己关了起来，并陷入了一个

“打破自己道德准则”的恶性循环中。为了获得“控制感”，她建立了错误的自我认知，总是无意识地想：假如我是有缺陷的，那么我可以修复自己的缺陷，然后一切都会好起来。实际上，恐惧、阻抗、羞耻、内疚、自我厌恶，这些都是相互作用的。这些特质的组合使人变得片面、脆弱而又支离破碎——简言之，不能成为一个整体。

内疚常常带来惩罚，而对于大多数人来说，惩罚就意味着不原谅自己、不能给自己新的成长机会。为了减轻内疚感，我们开始不断地自我赎罪。惩罚的方式有很多种，包括抑郁情绪、缺失感、缺乏自信、低自尊、一系列的躯体疾病，以及无法爱自己以及他人。安东尼博士认为那些无法原谅他人并且常怀憎恨之心的人“往往也是那些从未学会自我原谅的人，他们被内疚感驱使着”。

通过以上这些话，安东尼博士解答了我先前提出的问题——自我宽恕和宽恕别人之间，除了前者更难之外，还有何不同。看上去两者并没有什么差别。毫无疑问，如果你能做好其一，那么便也能完成其二。那么先选一个来做吧，这样也可以让另一个变得不那么困难。这是我这本书给出的一个很棒的建议。

练习：你的痛苦回报（Return on Suffering，ROS）是什么？

我们生活在一个具有价值导向的社会。是的！这是真的！从我们身处的居所到对友情质量的重视，再到银行中的存款，我们关注这些东西能为我们带来何种好处。在商界有一个类似的概念，叫投资回报（return on investment，ROI），这是许多企业家和公司会用来测量具体某项投资收益表现的常用测量工具。在这里，我也不呈现具体公式了，毕竟我也不是什么数据狂人。不过在我学会治愈心灵的同时，我也了解到，过去的许多消极或是错误的信念和真实的苦难经历一样，让我看轻自己，不相信自己能渐渐被治愈。于是我总结道：我所遭受的痛苦几乎没有回报。

我们都希望自己所投入的时间、金钱、精力、友谊或是其他东西能够以某种方式使我们获益。那么假如我们投入的是强加给自己的痛苦呢，这又会有什么不同？假如你能确定自己的痛苦回报（很有趣的名字，对吧?）基本为零，这是否能帮你换一个角度来考虑自己的所作所为，是否能做出某些改变呢？假如你无法想象这种情形，那我们先做一个假想实验吧。假设你年初起每月花 200 美元办了一张健身房的会员卡，但你到了年末却长了 5 磅体重，那么这笔 2400 美元的投资就没能得到应有的回报。与此相似的是，假如你的内疚和自我厌恶让你不能好好工作，享受爱情，去学校上学，或是在其他方面限制了你的行动，那么这就表示你将自己的时间精力用错了地方。注意：若你希望这个练习能帮到你，则需要彻底坦诚。你是否正如帕特·洛芙（Pat Love）博士所说，“爱上了自身的痛苦”而妨碍了自己的进一步成长？

尽管我不是会计师，但这并不妨碍我为了能有一个更高的痛苦回报而制定新的规则。比方说，假如我在旋转训练课程（spin class）中头晕想吐，这样的痛苦是我自愿经历的，而且经历了这些之后，我一整天都会心情愉悦和精力旺盛。假如我花了一整天去担心电视制片人会如何评价我的节目，那么我的痛苦回报就会很低。假如我的思绪一直被一些自己无法控制的事所占据，那么这一天我还能做什么别的事吗?

现在就开始考虑吧，即便你还想继续为了一些不那么完美的时刻自我厌恶或是踟蹰不前，你至少能够有所了解，知道这种行为是如何损害你的利益的——老实说，这真不是一笔好生意!

试着温和自处：关于自我同情

我们无法停止批判性的思考，但我们也无须刻意为之或是相信这些想法。假如我们能温柔评价自己、理解自己，那么也就不容易再过度地关注自我……通过善待过去的苦难，我们有能力过上幸福快乐的生活。

——克里斯汀·内夫

我又回到这个话题了，但我并不认为这是多此一举。自我宽恕是你得以对待自己的最好也是最重要的方式之一，但它也是最难做到的事情之一。在你能扫清障碍踏上自我改善之路，并学会真正摆脱对自己的怨恨之前，你会一直错过一些重要的工具。这些工具将会在你需要做出行动时成为你的助力（见《运用多种能力》一章）。同情（compassion）是一种情绪。“同情”字面上的意思便是“忍受”。克里斯汀·内夫是得克萨斯大学奥斯汀分校发展和文化人类学的助理教授，同时也是一名情绪研究专家，她认为，在该领域的研究者眼中，同情的定义是“当你在面对他人痛苦并想要缓解那份痛苦时油然而生的一种感受”。简而言之，就是你真心地想要帮助对方。若是在“同情”一词前加上“自我”二字，形成的短语依旧表示一种情绪，意思很简单，就是我们想要缓解自己的痛苦——想要帮助我们自己。这难道不是一个很好的寓意吗？为什么做起来那么困难呢？

内夫博士早在十多年前就开始探索自我同情（self-compassion）这一研究领域，并就相关问题写了多本畅销书，她认为这个少有人问津的领域和发展高自尊相比，其实是更好、更有效地使人获得幸福的方式。那么来谈个热点问题。努力成为“最好的自己”其实是很虚的一件事，需要做的东西很多。于是我们表现得像鸵鸟一般，否认自己的缺陷（但实际上这些缺陷并未消失），然后直接开始解决如何让自己感觉良好的问题，即使对自己的能力还不能完全肯定时就逼自己接受新的挑战，应对自己最害怕的事情。然而事实却是，我们只是展示了虚假的骄傲、挥舞了一下自尊的大旗，除此之外一无所获，也没能达成自尊的先决条件：善待自己。这就好比是我们报了一门核物理课，此前却没有学过元素周期表。这完全是本末倒置，而且在大学里这是绝对不被允许的！

内夫博士在 2011 年的一篇文章《为何自我同情比自尊更重要》（*Why Self-Compassion Trumps Self-Esteem*）中解释道：“我了解到，对于不断追求高自尊这种做法而言，自我同情是最好的替代选项。为何？因为它和自尊一样，提供了对抗严厉自我批评的保护措施，但无须自我认为和他人一样甚至比他人更优越。换句话来说，自我同情既有高自尊的有利因素，又免除了其不利条件。”

那么内夫博士建议我们如何去做呢？她实际上讲了很多，不过这里我只能节选一些我最喜欢的部分。她描述了自我宽恕的三种主要成分：

- **善待自己**：大家都知道这样一条金标准：己所不欲，勿施于人。我认为我们应把它升级成一条“白金”标准：人所不欲，勿施于己。你可以接受自己所爱之人，尽管他们有很多不完美的地方（其实他们中一些人的不完美恰恰是他们讨人喜欢的地方呢!)，因而这条准则也包括了认清自己的不完美和过失，对自己宽容一些，给自己一点喘息的空间。内夫博士认为“它（自我同情）需要善待自己，我们要温和地对待自己、理解自己，而非用严厉批评和审判的态度去面对自己”。

假如你睡过了头，没能赶上上班的列车，你可能会肾上腺素飙升、急得火烧火燎。别让这些成为自我贬低的催化剂，与之相反，这可以成为善待自我的诱因。也许你需要更多的睡眠，也许你这些天喝了太多的酒。

你是否因为忘记了自己最好朋友的生日而感到恐惧？带着这种沉重的感觉时，你可以提醒自己，就在去年，你在她母亲被阿尔兹海默症击垮后一周年时给她带去了安慰。再看看……你那不安的感觉是不是好多了？

- **人性共同点**：作为一名人类成员，你需要和其他人分享自己的痛苦和感受。作为我自我解压的日常练习，我明白假如自己感觉自己很糟，那么很有可能外面的某个人也感觉自己是个废物，甚至比我更糟。当我在庆祝某次成功时，我也会想到某个人也许比我取得了更大的成功……或者依旧是厄运连连。我们不是一个人在承受苦难，也并非独自享有幸福！假如有人获得了晋升，却无人诉说这个喜讯，那该是多么扫兴的事。正如内夫博士指出的那样，我们需要感到：“在生活经历上自己和他人彼此相连，不能因为苦难而感到被孤立和疏远。”

- **正念：**我们在《观看风暴》这一章中讨论过这一主题。你会在本书的大部分章节中发现和正念相关的内容。假如你允许自己不加评判或压抑地体验自身情绪，而不是简简单单不带评判地注意情绪，你将会感到更加自由。为什么？因为若能允许自己抛开评判之心去体验情绪，你将自然而然地变得更具有同情心。摆脱评判之后，你能考虑到可能有“一万种事物”让你做出了那些让你生气的举动。你的内疚、后悔或羞耻感就会随之而去，得到解决。正念是一种无法用言语来描述的事情，它更像是“你必须亲历才能了解”。你必须先尝试一番，然后观察它是如何在你的疗愈过程中起作用的。假设你对学校的规章制度感到不满，并认为这样对立的状态在长远看来对孩子不好，先不要急着批判自己，或是从此就不再去学校。对自己的行为投以更多的关注，往更深处观察自己。当你是孩子时，是不是没有人如此守护你？你是否感觉自己被这些规定所管束？在对话过程中，你是否感觉自己受到威胁？这些感受将越来越少地影响你的生活，你所做的练习将会给你看待事物的视角带来极大的转变。练习的目标是“通过自身协调的觉察力审视过往的经验，而不是忽视自己经历的痛苦或将其过分夸大”，内夫博士如是说。

自我同情的益处

当你开始练习自我同情后，你将会：

- **提升心理韧性，降低焦虑感。**《心理科学》（*Psychological Science*）杂志发表了一篇研究，证明了高水平的自我同情与分居或离婚后情绪修复力的提升相关。
- **提高生产力。**这条并没有研究证据支持，但可以通过逻辑推理解释。当你不再将脑力浪费在为一些自己做不到的事而批评自己时，你会有更多的精力和内在专注力投入到自己想做的事情上。我们的想法往往具有转化为现实的力量。
- **培养更好的身体形象。**在 2012 年，《身体形象》（*Body Image*）杂志发表了一项研究，发现练习自我同情的人很少会过度执着于外貌，也不那么过度关注体重，而是更倾向于欣赏自己的身体。
- **减少精神心理疾病。**在 2012 年，《临床心理学评论》（*Clinical Psychology Review*）发表的一篇研究表明，练习自我同情的人，焦虑和抑郁的发生率都有所下降。该研究亦发现自我同情的观念可以降低压力所带来的负面影响。
- **过上更幸福的生活。**一项由国家健康研究中心的神经科学家开展的脑成像研究表明，脑内的“快感中枢”——就是当我们吃巧克力、拿到钱、接吻时会激活的那部分——在我们同情别人时会被激活。那么当我们将这种同情转向自身、对自己表达善意和宽容时，这个区域怎么不会被激活呢？

练习：让内心的暴虐安静下来

作家拜伦·凯蒂（Byron Katie）设计的这项练习给我带来了很大的影响。她提供了一种名为“转念作业”（The Work）的方案。根据她提出的策略，我有能力将枪口瞄准内心暴虐的自己。让内心批判的声音安静下来，是通过“质询”的方式达成的，你可以在她的网站（thework. com）上看到具体过程。凯蒂建议，当你发现自己脑海中出现消极的词汇时，无论你正在评判的是什么，可以先问自己这几个问题：

1. 这些想法是否真实？
2. 你是如何得知它是真的？
3. 当你相信这个想法后，你会做什么？
4. 假如没有这个想法，你会变得怎么样？

这一组问题拯救了我很多次。我还记得自己第一次上电视时，我非常害怕看到自己在电视节目里表现不佳。电视节目对我而言都是全新的领域，专职采访别人也是如此，至少这是我第一次面对这些闪烁的灯光、转动的镜头、将双手交叉于胸前站立在周围的制片人和导演们，以及体验到自己无法预测我所提问的对象会如何理解并回答问题时的无力感。

不论如何，我并没有因为自己贸然地进入到一个自己从未接受过相关正规训练的行业而同情自己并寻求安慰。相反，我自己玩了一个对比游戏。很简单：每一个出现在电视上的人物（至少是我遇到的每一个人）都表现得完美无缺、镇定自若、口若悬河，仿佛极其擅长于自己的工作。如今我来到这里，作为一个前理发师和造型师，试图扮演朱莉安娜·兰克奇[①]（Giuliana Rancic）的角色。最开始的时候，我讨厌自己的声音。为了让我的嘴巴相信它曾经参加过旁白培训班，我小心翼翼地念出每一个字，这种缓慢的语速让我感到厌恶。我看上去很胖。当别人在倾诉时，我的表情很奇怪——这是一种“我正在专心积极地听你诉说，并且我对你表示理解和同情”的表情。为什么我要做出这样的表情？我的确是对这些人抱有理解和同情。但是我的表情就不能够稍微自然一点吗？不，这里是好莱坞，你作为美容学校的毕业生，那些需要上镜的人总是对你大声喊着“化妆品呢!”，而你得及时回答他们时，你的举止会变得有些夸张……只是有一点而已。

我第一次在屏幕上看到自己时，我感觉自己一塌糊涂。我为自己的表现感到羞愧，认为选择这项工作是一个巨大的错误。我究竟是在想些什么？更糟糕的想法是：你能否想象那些将大量时间投入电视工作的后期人员？他们在发现自己的作品被毁成这样，会怎么想我呢？

这之后……便是“质询”。

---

① 朱莉安娜·兰克奇，美国娱乐界知名跨界女星，演员、时尚杂志和畅销书作家。

积极的自我对话

我们需要学会成为自己最好的朋友，因为我们太容易陷入误区，化身为自己的敌人。

——罗德里克·索普[①] (Roderick Thorp)

在上学的第一天，六岁的小男孩强尼（Johnny）和他的父母相拥道别。小男孩要上一年级了，这一次和之前刚进幼儿园那次是有所不同的。小强尼现在已经训练有素了：他知道要到哪里去排队，应该找哪一位老师，甚至怎么回应那些微笑着欢迎他的面孔。一年级是最不容易的，需要阅读、书写、计算以及每天都有要做的功课！

强尼回到家后，就开始写日记、完成数学作业。他的父母在边上看着。他靠自己的能力解决了第一道数学题，但让他感到灰心的是，答案是错的，毫厘之差。

“哎，”他的父亲叹了口气，“看样子你不太擅长数学。”

读到这里是不是觉得这样的家长应该被扇耳光？我是不是继续说下去，告诉你这个故事的结局，尽管你应该已经猜到了？

好消息是，我只是虚构了一个故事。但重要的是，我们每一

---

① 罗德里克·索普，美国犯罪悬疑小说作家、编剧。著有《侦探》（*The Detective*），有同名电影。

天都在告诉自己在某方面糟透了。假如让强尼的潜能毁于他父母无知的假设这件事是显而易见的错误，那么为什么自己对自己做这样的事，自己折磨自己就是可以的呢？

如果你曾尝试过早晨起床后对着镜子中的自己微笑并说："早安，你美极了"，那么你就会知道对自己说赞美之词是有多难了，简直比零碳水饮食还难！不知为何，我们总是觉得自己比不上别人，对于那些经历过或正在经历痛苦体验的人而言更是如此。

丈夫出轨＝我又胖又丑

女儿被拘留＝我没有资格做母亲

你在为家庭教师协会的慈善餐会准备点心时不小心把曲奇烤坏了＝每个人都会讨厌我的孩子的

我自己内心的这种霸凌从我很小的时候就开始了。当朋友们都住在房子里的时候，我住在拖车里；当朋友们炫耀自己身上的名牌牛仔裤时，我只能穿自己在旧货商店翻到的随便什么衣服；当身边的女性朋友受邀跳舞时，却没有人邀请我。"我又穷又木讷，又胖又丑，我真是个废物。"

这些话我对自己说了太多次，直至今日，我都在和这个坏习惯抗争。现在我需要出现在电视节目中，我发现自己对自己更加严厉了。不过万幸的是，我知道如何停止这个状态。这个秘诀来自于安内利·鲁弗斯的建议，我们唯一要做的就是停止。

和积极者相比，消极者对自己会有更多负面的看法。他们会说更多刻薄的言辞，更倾向于自我责备。心理学大师马丁·塞利格曼（Martin Seligman）在他的名作《活出最乐观的自己》（*Learned Optimism*：*How to Change Your Mind and Your Life*）中解释道，乐观主义者不仅仅是用“一杯半满的水”这样的方式看待这个世界，而且他们将挫折看成是暂时的，也不会将其作为责备自己的理由。而悲观主义者将他们遭遇的不幸视作永恒不变的状态并代表了他们的自身价值。和乐观主义者相比，悲观主义者更易轻言放弃，健康状态更差、衰老得更快、死得更早！我不了解你是什么样的人，但就个人而言，我已经有足够多的问题要应对，早已没有时间对这些问题进行消极加工，通过这种方式，当我难得恢复理智时，我便会知道这些想法都不是真的！

对于我们为何要如此刻薄地对待自己，我努力寻找过答案。我找到了许多有效的建议，很多很棒的手册，听了无数次约尔·欧斯汀（Joel Osteen）的布道，他讲的内容极具感染性。然而我还是决定用最简单的方式解决：逼自己变和善。就像我当年逼自己去跑步一样（往事如烟）。当我早晨醒来，第一件事就是想要责备自己时，我就马上让自己停下来并大声对自己说：“停下！”（有点像我对孩子喊话那样）“今天我要对自己好一点。”如果有必要的话，我会看着贴在镜子上的便笺，上面写着“停下！”。为了强化我当天的承诺（因为我不能为了已经过去的日子做出保证），我会将自己的打算告诉别人。比如说，在我女儿的生日派对上，我的一位邻居说因为她最近胖了很多，所以不是很期待之后的加勒比海游轮之行了，我当时就阻止她说：“法拉，你知道我是怎么想的吗？我认为我们今天应该对自己好一点。所以今天就不要再谈论这样的事了。”这很容易做到。不需要书本，不需要心理治疗，不需要快乐药片，只是做一些选择罢了。我的邻居很高兴接受我的要求，就像她获得了一个共同去健身的搭档一样，只是我们一起锻炼的是自己早已萎缩，名为“和善”的肌肉。

假如你将自己脑海中的声音当作身外之物，就像真实自我外在的假面一般，那么你会更加容易、更加自然地对其加以防御。将内心的声音当作强尼父母所说的那些无知而无用的评论，每一次你对这声音喊停，你便是那个强尼的拯救者。

当你试图治愈心灵时，你必须停止对自己说这些愚蠢的话，这些话只会削弱自己的力量，它们都很刻薄、不真实，而且事实上毫无新意。一旦你让自己失去了力量、减少了自身的价值，这对任何人都没有好处。

你的力量、你的价值其实是和你的缺陷、你的脆弱、你的人生共存的。然而从亲人到朋友再到陌生人，当我问他们有什么样的天赋，认为自己为这个世界创造了什么价值的时候，他们经常表现得很为难的样子。我每次都很讨厌这种情况。看着那些带着美好希望降生于世（我认为我们都是如此）的人因为自己对自己的负性评价而虚度人生，还有比这更让人沮丧的情况吗？我不会让它发生在我身上。我曾经和一群失败者一起居住：母亲是家庭暴力的受害者，两个舅舅早已成年却依旧寄居在母亲家中，祖母表现得冷漠而疏远，继父总是在自轻自贱，唯一让他感到自己有力量的方式就是殴打我母亲。我早已看到“我不够好”的结果。继而心中出现了两个选择：要么作为失败者继续生活；要么从中觉醒，对自己说“我不要在今天沉沦，至少不是在今天”。

开启心智
——积极扩展

"当人们开放自己内心世界时，会发生什么呢?"

"他们会变得更好。"

——村上春树（Haruki Murakami）[①]

① 村上春树，日本现代小说家，著有《挪威的森林》（*Norwegian Wood*）、《海边的卡夫卡》（*Kafka on the Shore*）等。

这一章内容包括：

- 脆弱的价值
- 重写自己的旅程
- 成功的主观性
- 勇于继续的好奇心
- 核心价值
- 为自身价值负责
- 希望的桥梁
- 希望为何有效

欢迎来到第三章《开启心智》(Open your mind)，这是在我们整合旅途中的一个较为轻松但具有过渡作用的阶段，我们会从前两章的痛苦经历中走出，自此进入日益精进的后半部分。现在我们正处于整个旅程的中途，可能会感觉有点不知所措。我希望你能在面对内心的各种怨言以及处理过去的情绪时，也能让自己的心智留有一点余裕，留意一下未来的自己。不过这个中间状态是什么、走向何方依旧未知。著名神话学家约瑟夫·坎贝尔(Joseph Campbell)将英雄旅程中的这个阶段称为“鲸鱼之腹”(the belly of the whale)。鲸鱼之腹象征着英雄和他过去世界(伤痛)的分离。进入这个阶段后，人物将产生转变的意向。我知道你和我一样，现在都想要自我改变。

我努力工作，渴望改变自身冲动的行为并接受内心的情绪，我还完成了那些耗费心力的艰难任务，包括自我宽恕、面对自己的愤怒和恐惧。在完成了这些之后，我感到疲惫。这种耗竭的状态就像为了攀爬阿拉斯加德纳里峰[①]，在一些海拔四千米的山进行了一周的训练那般——尽管能够热身并欣赏到美景，但始终不能抵达世界的最高点。

---

① 德纳里峰，美国阿拉斯加州中南部山脉，即麦金利山。

当我感受到治疗带来的自由感时，我变得贪心起来。我想要得到更多。我最近一次放声大笑是发生于什么时候？梦想和希望曾是我童年时期赖以生存的技能，在成年的我看来却只是在浪费时间。我还能重新掌握它们吗？如今我允许自己在自己的故事中表现出脆弱的一面，那么我会如何继续书写这个故事呢？如今我也不再用自己经历的风暴来定义自己，也不再带着对那些辜负我信任的人的恨意继续生活，那么如今的我该如何定义呢？有生以来第一次，我感到自己更加开放——尽管我尚不知晓自己是对什么开放——并且想要涉足一些生活中从未尝试的领域，于是我开始向那些诸多的可能性敞开心扉。

在作品《圣贤之路》（*The Road to Character*）中，《纽约时报》（*New York Times*）专栏作家大卫·布鲁克斯（David Brooks）探讨了那些为世界做出巨大贡献的伟人所具有的共同品质：为了有所成就，他们都曾静候时机。布鲁克斯写道：“当他们平静下来后，便仿佛有某个空间被打开了一般，恩典随之奔涌而入。”这是我们整合练习中第三阶段的真实写照。当我们扫清内心的恐惧、自我怀疑、自责和失望之后，留下的就是一个美妙的空间——我们可以在这里装下任何自己的选择，而这个空间也渴望着能够被我们自身的魅力和内在品格所填满。布鲁克斯继续写道：“很久以前，进入谦卑之谷的人们仿佛回到了充满快乐的应许之地。他们投身于工作、交友和建立新的感情。他们惊讶地发现，自灾难发生的那天至今，他们已经走出了很长一段路。回首望去，他们才看到身后的路有多长。这些人最终不仅仅是被治愈了，他们最终成为不一样的自己。”

“开启心智”所要讨论的，就是将过去的自己带回你的工作、朋友，甚至爱和欢笑中。我们将要讨论、改变关于未知的态度，重塑对自己和周围环境进行思考和感受的方式。我们会直面自身的脆弱性，并通过它将我们的开放空间装满快乐和满足感。假如我们能避免被自身痛苦搞得心烦意乱，我们便能用一种公正的眼光去看待自己的经历、在自身的缺陷中寻找价值。我们改变了自己述说故事的方式，不论是对自己还是对他人——也许我们甚至同时不再讲述过去的版本！“开启心智”同时也像是一种思维实验，提升我们的好奇心，在我们毫无头绪的时候为下一步指明方向。这是一个深度正念的阶段，我们通过自我提醒或是继续探索，将得到的核心价值灌输于自身的性格中，创造一个路标式的信念系统，以其为鉴。我们现已足够明智，了解到这段旅程的目标并非疗愈，而是变得和此前有所不同。若能做到这样，就真的绰绰有余了。

脆弱的价值

脆弱即力量。

——谢丽尔·斯特雷德（Cheryl Strayed）

很久很久以前，在一个遥远的国度里，居住着一位令人崇拜的国王和可爱的王后。他们的女儿刚刚出生，如王后所希望的那样，小公主长着一头乌木般的黑发，肤如白雪、唇若玫瑰。国王和王后在女儿的养育上投注了许多心血，将她培养成了一个善良宽厚的人，也正是这样的品质深深吸引了邻国英俊潇洒、才华横溢的王子。他难以自拔地爱上了公主。此后两人幸福地生活在一起。故事结束。

很久很久以前，有一个富有的鳏夫，和他美丽的女儿生活在一起。这位先生的妻子已经离世，尽管如此，父女俩互相扶持，倒也能继续快乐地生活。过了几年，这位先生新娶了一位太太，她还带来了自己的两个女儿。这位先生的女儿因为有个新妈妈而雀跃不已，这样就有人能带她一起疯狂购物了。不过更让她高兴的还是有了两个姐姐。她们三人一起分享私密的恋爱心事，并互相借对方的衣服、鞋子穿。没有靠任何仙女教母（Fairy godmother)[①] 的帮助，她们就得到了自己梦想中完美的重组家庭。为此，她们每天都感到无比幸运。故事结束。

好的，最后一个故事（这个叙述方式真是太有趣了）。很久很久以前，有一对兄妹，他们的父亲是个樵夫、继母是位善良宽厚的女士。当饥荒爆发时，继母带着孩子进入森林，寻找坚果和浆果来果腹。当孩子们两手空空回到家时，继母把最后一片面包递给他们，让大家围成一圈开始祈祷。他们了解到尽管自己缺少食物，但他们并不缺少爱。故事结束。

相信我，我很喜欢快乐结局，但若是没有了主人公赤脚走在暴雪之中去山上上学这样的情节，我们好像就不太高兴看了。在奋力斗争、改变恶行、纠正错误中，我们都能看到美德的光辉。你难道不这样认为吗，扎破睡美人手指的纺线针反倒成就了她的成长？格林兄弟就是这样认为的。沃尔特·迪士尼（Walt Disney）也一定会同意，所谓的故事就是要有猎人猎杀母鹿、长耳象被杂技团奴役，或是一只木制小狗想要变成小男孩，却被自己不切实际的愿望所困。嗨，其实古希腊人早在这种潮流兴起之前就开始了对苦难的编排，完全垄断了市场。

似乎我们的天性就是喜欢看一名勇士通过做任务来磨砺自己笨拙的双手。若是没有需要跨越的阻碍、没有需要对抗的惩罚、没有需要被接受的脆弱之处，那么我们继续往下看的意义是什么？

---

① 灰姑娘中的角色，帮她变出南瓜马车、礼服和水晶鞋。

我决定通过一个精心设计的英雄旅程这一视角来审视自己的悲惨经历——这故事讲述了一个出身并不理想的小女孩战胜困境，并为了能将这份礼物赠与更多人而发掘了内在潜能的故事。一路走来，这个故事充满了可怕故事的元素：带来惩罚的父亲、邪恶的继父、穷困的家庭生活，以及最终灰姑娘式的结局。

我们经常将自己缺乏价值感归咎于自己的奋力抗争，但真相往往与之相反：我们的缺陷像毒药一般让我们倍感脆弱，但也正是它揭示了我们真正的价值。在我生活中最艰难的时刻，我学会了做一个女英雄，知道如何将自己松绑，并能成功地揍扁对手们。毕竟，假如我不能与遭受强暴和堕胎带来的内疚和羞耻感抗争，那么我将用什么经验来激励自己的女儿呢？假如我不曾了解无爱的生活，那么我会怎样对丈夫表达爱意呢？假如我不曾经历过没有家长依靠的日子，对儿子而言，我又会成为怎样的支柱呢？假如我不曾不顾一切地让自己摆脱贫困，我会怎样对待学习、最终接受怎样的教育？

你可能听说过，那些失去双腿、在破产后再次起家或者由于帮派暴力而进监狱的人会说："即使我有机会选择，我也不会有任何改变。"我目前还不能断言自己如果有机会选择的话，我会不会改变自己的生活。我还在设法弄清自己的真实想法。然而，我可以肯定的是，假如我的仙女教母出现并答应帮我实现一个愿望的话，我不会将它浪费于抹消自己过去所做的抗争。

重写自己的旅程

也许我们中的一些人注定要在我们找到和平的彼岸或是通往灵魂目的地的捷径之前走过黑暗而曲折的道路。

——约瑟夫·坎贝尔[①] (Joseph Campbell),

《千面英雄》(*The hero with a thousand faces*)

假如我们的价值需在自身的脆弱中寻得，那么我们要在哪里进行挖掘呢？答案是，在我们自己的故事之中。引用约瑟夫·坎贝尔在他的成名作《千面英雄》中提到的概念：我们是自己这场旅程的主角。根据我对英雄旅程中“阶段”的表面理解，坎贝尔描述了神话故事的常见模式。请想象一下自己现在所在的阶段，或者回想以前的情况。将自己置身于一个奇妙故事中有助于使自己和痛苦体验拉开距离，而后者此前已被赋予自己的个性并深藏在心底。这是我们在《治愈心灵》这一章中所学到的“一万种事物”的衍生视角——瑞克·韩森博士认为，正是这些不同的事物使人做出了不好的行为。英雄旅程的这些阶段贯穿着这个角色经

---

① 约瑟夫·坎贝尔，美国著名作家、神话研究的顶级学者。他创造了一系列影响力极强的神话学巨作，跨越人类学、生物学、文学、哲学、心理学、宗教学、艺术史等领域，包括《千面英雄》、《英雄之旅》(*The Hero's Journey: Joseph Campbell on his life and work*)等。

历的全过程。我们在好莱坞大片中能见到不少这样的例子：《狮子王》（*The Lion King*）、《美女与野兽》（*Beauty and the Beast*）、《搏击俱乐部》（*Fight Club*），这些在由好莱坞国际制片人兼故事顾问克里斯托弗·沃格勒（Christopher Vogler）撰写的一本书中都有提到。这本书名为《作家之路：源自神话的写作要义》（*The Writer's Journey: Mythic Structure for Writers*），是各界媒体人和写作者的首选读物，书中对坎贝尔的工作进行了进一步探索，为写作者提供了十个阶段的版本。那么把这些都记住之后，英雄旅程的哪些阶段能帮你用自己的方式渡过痛苦，而在哪一个阶段，你能获得逆转和获胜的机会？我先来说说我的看法。

你寻找自身价值的第一步是要知道自己隐藏起来的是自己真正的天赋，以及每一次努力或是每一个"阶段"都是有目的的。对我而言，否认自己的身份（反社会杀手的后代）是没有意义的，对自己和这个世界而言都不公平。当我不再隐藏自己的缺陷、将其和人们分享时，我便拥有了自己的故事，并且鼓励别人去拥有属于他们自己的故事。在我们喜欢的小说或非小说故事中，大部分受人喜爱的角色都因为克服了自身缺陷而终获胜利。一旦我明白了这一点，我便能带着万能灵药回到自己的生活中。这个灵药名为"自由"。

英雄旅程的不同阶段

（由克里斯托弗·沃格勒进行总结，并和我的故事相对应）

1. 平凡的世界。主人公只是感觉不太舒服或没有意识到问题：存在一个压力或困境（创伤）。

- 举一个属于我的“平凡世界”的例子：我买了人生中第一栋房子，有了两个孩子，并嫁给了梦中人。生活很美好，但有一些秘密，我不想让其他人知道。

2. 冒险的召唤。某些事改变了环境，可能是外在的压力或内心深处唤起的某物。

   - 我六岁的女儿阿斯彭（Aspen），画了一张家谱图，我发现了其中一个地方是空的——我的父亲并不在上面。她回到家，想要将外祖父的名字填入那个空缺的位置。她想知道他是谁，而我想知道自己应该怎样告诉她比较好。这个秘密现在已经变成了一个问题：我应该如何告诉女儿，她的祖父就是笑脸杀人魔呢？

3. 拒绝召唤。英雄对未知的事感到害怕，试图逃离这场冒险。

   - 我并不希望将自己的秘密公之于众，于是我仔细考虑了一番，试图回答女儿问题而又不去改变现状。我去图书馆查阅相关资料，但最终一无所获。将秘密公开对我而言实在是太可怕了，但我不知道自己还能把女儿的好奇心牵制多久。

4. 和导师相会。英雄遇到一位经验丰富的旅行者，对方给她/他进行训练、带来装备或给予建议，这些都有助于英雄应对旅程中的挑战，或获得某种勇气和智慧的能量。

   - 我在电视上看到菲尔医生对一个经历危机的家庭提建议，我认为他可能知道如何帮助我。为了走到公众面前，我几乎用尽了自己全部的勇气，因为这个秘密实在是太过沉重，我又很担心这件事之后会影响我的生活。我最终来到洛杉矶见到了菲尔医生。我的秘密重见天日了。

5. 接受试炼，遭遇盟友和敌人。英雄遭遇考验，并识别出这个特殊世界中的同盟。

- 我感受到了人们的友情和同情，当然我也见到人们就我的秘密对我评头论足。我很快了解了哪些人在支持我，而哪些在对我横加评判。我开始建立支持小组、远离那些伤害我的人。

6. 接近最深处的洞穴。英雄和他的新盟友们为了这个特殊世界中最大的挑战做准备。

- 我写下了第一本书《打破沉默》（*Shattered Silence*）。当我独自在家、感到无力时，我便会将自己的故事和经历收集起来，将它们诉诸纸上。

7. 严峻的考验。英雄踏入这个特殊世界的中心地带，直面死亡或他最害怕的事物。在死亡的瞬间，他将迎来新生。

- 我的回忆录《打破沉默》面世了。我受邀参与了“奥普拉脱口秀”。批评者们把我害怕人们说的内容都说遍了，但我却发现，当自己能够坦然面对时，先前的恐惧已经消失殆尽。我终于可以自在地做自己。

8. 荣誉。英雄在直面死亡后，获得了宝贵的财富。这可能值得庆祝，但也可能会有再次失去财富的危险。

- 我接受了活出自己的自由，昂首挺胸、骄傲地生活。我的生活中不再有秘密的重负，从此全在自己掌握之中。

9. 复活。在高潮阶段，英雄还会在回家的路上遭遇一次重大考验。

- 我再次放手一搏，创立了传记电影（Lifetime Movie）的网络剧《家中的恶魔》（*Monster in My Family*）。那些像我一样的家庭也要通过揭露自己的秘密来达成转变。当我们面对这个世界时，我们并不知道别人将如何理解我们的经历，不过在这段旅程中，我会陪着他们一起走。

10. 带着灵药回归。英雄在转变之后获得了某种具有改变世界之力的珍贵元素。英雄带着它回到故乡或是继续旅行。

- 我先是独自面对这个世界、害怕人们知道我的秘密后做出的评价，之后又见证了一个个的家庭。在此以后，我了解到我们会经由对自己、对他人的坦诚而被治愈。此后，重负将被卸下，一切都将自由。如今大众都已经认识到，一场罪行会带来比想象中更多的牺牲者：包括直接受害者以及那些犯罪者身边的人。

医生巴里·维塞尔（Barry Vissell）及护士乔爱思·维塞尔(Joyce Vissell）是“分享之心基金会”（Shared Heart Foundation）的创始人（sharedheart. org），我很荣幸能够和他们探讨有关在缺陷中寻找价值的力量。他们共同开展的工作坊中会进行针对弱点的练习，他们解释说，直截了当地讲出自己故事中最糟的部分，有助于帮助组员放松并让大家更加紧密地联系在一起。为了鼓励组员说出心声，巴里和乔爱思都会以自己为例，在自我介绍后，巴里对自己曾经的出轨行为进行忏悔！我似乎可以想象，工作坊的成员们可能一边在思考，一边也在担心乔爱思会忍不住要揍巴里一顿。恰恰相反，乔爱思笔直地坐在丈夫身边，微笑着、轻轻点头。你本可能认为这对治疗师夫妇将会诉说一些婚姻美满的故事——一对将近花甲之年、自由生活的天才，在一起工作生活了四十多年，建立了一套课程和一个家庭——但他们所做的第一件事居然是戳破这个泡沫！

不过他们所要揭示的是，缺陷并非他们旅程中的转折点，而只是换了一种步调：婚姻的本质就是在搞砸事情之后能够共同讲述此事。也许你也曾搞砸过或感觉自己快要搞砸了，请不要害怕。

“当你感到脆弱时，你只能向他人寻求帮助，而这种连接感将你变得更加人性化。”巴里解释道。“当你成为一个真正的人时，你的举止将更接近我们最初的样子，这将是非常神圣的状态，”乔爱思·维塞尔补充道，“我们的目标就是要不断接近内心的神性。”

记得在我少年时期，有过一个关于脆弱感的关键瞬间，如今我领悟到，恰是在这件事的帮助下，我才不再感到孤独和羞耻。此前我睡在我的朋友史蒂芬妮（Stephanie）家中，在晨间新闻中看到了我父亲的脸。与此同时，史蒂芬妮和她妈妈也停下了手中的事，盯着电视机屏看。我非常尴尬、羞愧万分。我觉得她们知道了我的秘密。我的身体开始颤抖起来。我所努力掩藏的秘密——这一切的羞耻和内疚——都被这名新闻主播大声播报了出来。史蒂芬妮和她妈妈一定会问我关于父亲的事情……她们将会对我评头论足。

我低声呜咽着，光着脚穿过走廊，一头栽进史蒂芬妮的床上，泪水浸湿了枕头。我将一切事情，包括我父亲是谁，全部都告诉了她们。正如维塞尔所说的那样，听了我的坦白后，史蒂芬妮跟我分享了她家里发生的一些可怕事件。我才明白了自己并不是一个人在面对这种事，没必要独自面对。

练习："简化"你的生活

在这一章开始的部分，我重述了一些脍炙人口的童话故事兑水后的版本——很久很久以前"简化版"。它们每一个都极其无聊，无法给读者带来任何感觉，他们只会问："谁会想看这种故事?"你可以试试看将你的痛苦经历进行改写，写出最理想的版本，即兑水版、"简化版"，充满了凯旋之乐和花团锦簇的无趣故事。

以我的故事为例：我名为梅丽莎·杰斯帕森（Mellissa Jesperson)，由亲爱的父母将我养大，他们直至今日都保持着当初相爱的激情。我的家很大，是父母自行设计的，从屋里可以看到远处群山的广袤风景。每当夏天，我会和朋友去山间远足；到了冬季，就和他们一起滑雪。我考上了大学并获得了奖学金，赢得了一个竞争激烈的实习职位并在不久后被公司聘用，之后结婚，生了两个孩子，然后，我正在写这本书。故事结束。

对你的故事进行稀释，也许你就会看到，假如没有遭受那些糟糕的事，没有了那让你彻夜难眠的过去或不再需要处理那些难题，你就不再会成为现在的自己——聪明而带有瑕疵的自己。你不会像这脆弱的自己那样，同时也拥有"坚定不移"的品质。

锻炼名为“脆弱”的肌肉

巴里和乔爱思·维塞尔相信想要和爱人或朋友更加亲密，唯一的方法就是展示自己的脆弱。想要拥有相爱的、满足的、充满活力的亲密关系，其唯一真切的希望就是向对方展示自己的全部——而不仅仅是我们强大的那一面。

“在我们的工作中，乔爱思和我会介绍脆弱的重要性并教授具体方法，”巴里说道，“每一个组员在展示了自己脆弱的一面后，他/她在我们面前会显得更加漂亮而富有魅力。与此同时，每一位组员的脆弱性又会促使我们接受自身的脆弱。关于脆弱，其背后的真相在于：当你分享自己的人性弱点时，你将更加平易近人、和蔼可亲，你也赋予了他人一个许可，让他们知道自己无须时时刻刻都表现出坚强。”

那么如何去练习这块名为“脆弱”的肌肉呢？听上去好像很简单，实际上还是有点困难的。我们总是事务缠身、压力重重，一部分人还不喜欢独处。不过这个练习值得一试。请不要害怕独处的时候！有时我独自一人走在路上，只与自己的想法和感觉相伴，我甚至都能把自己逗笑，觉得能有梅丽莎这个人在身边真的很好。和自己的脆弱感共处的经历在很大程度上帮助了我。知道自己曾经经历了什么、受到了多大的伤害是一回事，将自己对这些事情的感受和想法进行提炼的过程是具有变革性的，这只有在独处时才会发生。在自己的脆弱中寻找价值，帮助我更好地确定了自己的核心价值及其底线，若是没有这一步，我将永远无法找到前进的道路。

成功的主观性

我们以为自己知道成功的含义：财富、名誉。你不可能在所有方面都赢得成功，鱼和熊掌不可兼得，你要平衡事业和生活；坦然接受损失并且不让错误再次重演；确认自己追求的目标是自己真正想要的；确定自己对成功的定义是否真正出于自己的内心。

——阿兰·德波顿[①] (Alain de Botton)

我从脆弱感中学到的最重要的一件事，是自己成年之后变得非常胆小怕事、缺乏成就感。我所做的所有掩饰、所有羞耻和内疚、保守秘密以及自我否定，这些都成了我发现自身潜能的阻碍。直到我鼓起勇气展现出脆弱面后，我才发现先前将自己的生活固缩在多么微小的一隅。但问题不会就此终止。一旦我向自己和他人承认了对自己有多失望后，我又会故步自封。我被脸书(Facebook) 上的各种成功者的分享内容所吸引，那些人中有作家、有励志大师，不过在屏幕另一端的他们都不认识我。他们都很成功、快乐、内心完整，每天都能给我推送鼓舞人心的格言，分享他们最近所做 TED 演讲或是出版书籍的相关摘要。我的这

---

① 阿兰·德波顿，英国著名作家。著有小说《爱情笔记》(*Essays in Love*)、《爱上浪漫》(*The Romantic Movement*) 及散文作品《拥抱逝水年华》(*How Proust Can Change Your Life*)、《哲学的慰藉》(*The Consolations of Philosophy*)、《身份的焦虑》(*Status Anxiety*) 等。

些“朋友们”不会像我这般浪费机遇。我曾有过这样一个瞬间，被迈克尔戏称为“马龙白兰度瞬间”，当时我正走在家中的楼道里，突然想到：我甚至不能和他们竞争。然而心怀这样的遗憾，只会使我沉沦。

首先要解决关键的问题，我必须先理清思路，确定成功对我而言意味着什么。给他人的生活贴标签，沿街大哭大闹、认为自己的生活被毁了，这样的状态肯定不能让人感到成功。我需要找到成功的法门，当时还没到三十岁。没多久，我就遇到了这个聪明的小男孩，他的智慧于我就仿佛是一桶冰水泼在我的脸上，我当时就清醒了过来。成功是由我自己来定义的。这才是关键，我意识到也许无须在意自己是否有价值。开启的心智就像是一块白板，我可以按照自己的策略，谨慎地填入自己想要的东西，其中也就包括了自己对于成功的定义。

马泰奥（Matteo）的故事

六岁的马泰奥脸上总是挂着顽皮的笑容。他终于控制住了球。他笨拙地用双手运球穿过场地，一边还吐着舌头。观众们呼喊着他的名字：“马泰奥！马泰奥！”前方的场地门户大开、没有人守篮，马泰奥跑到了篮下，手不过肩，将球抛出，得分了！他的第一次进球！人群骚动了起来，马泰奥也激动万分，用黄色运动衫蒙住头，跑来准备和在场边的父亲击掌庆贺。

“马泰奥，你知道自己投错了篮，对吧？”父亲问他，慌乱地摸着额头。

“是的！”马泰奥回答，听上去更高兴了。“不过我还是进球了！”

也正是如此，这个小男孩跑去与和他穿着一样黄色衬衫的队友一同庆祝胜利去了。

对于你和我而言，成功的意义也许在于帮助正确的队伍得上两分。马泰奥在这里是为了打球，其他的——防守、进攻、犯规、人们的嘲弄——都是武断的评判。马泰奥是在享受这一切；他父亲却在场边呼喊着、不断拍着自己的额头。

我们对于成功的定义是主观的、个人化的。我们也从马泰奥和他的队友们身上看到，这个定义决定了你是享受比赛过程还是因失败而感到羞辱。成功是一种态度。我们应当从马泰奥身上学会这一点。

当我们将自己的痛苦转化为力量、获得切实的改变后，我们的问题也转变为如何去定义成功。假如成功真的是如此个人化，那么为什么我们会有如此大的压力，迫切地想要获得“公认的”目标或有着某种特定的成功标准呢?

我们对成功的理解就仿佛置身于一个培养箱中，随着社交媒体的趋势迅速改变。另外，它似乎也随着年代在改变，并取决于生活的政治、社会、经济环境以及阶层。有一点是可以肯定的：我们似乎比较关注成功的外在表现——你猜对了——金钱和名誉。

彼得·巴菲特（Peter Buffett）是世界最成功的投资者的儿子，根据书中所说，他的父亲沃伦·巴菲特（Warren Buffett）是世界第三富豪，与彼得相比，还有谁更有资格谈论成功的意义呢?“真正的成功来自于内在，”彼得在他的作品《做你自己：股神巴菲特送给儿子的人生礼物!》（*Life Is What You Make It*: *Find Your Own Path to Fulfillment*）中写道，“它的职能是提醒我们自己是谁、要做什么。它源自于我们的能力、激情、努力以及承诺混合后产生的奇妙化学反应。真正的成功是我们的私人所得，应由我们自己来决定它的价值。”

我认为彼得在写下这些话的时候可能也伴有一些脆弱感，因为他必然知道，有些怀疑论者将会批评他不够诚实。我的意思是，根据2016年的福布斯榜，他父亲的资产估值约665亿美元，作为儿子的他如何能够有勇气反对当今社会对于财富的迷恋？毕竟风凉话谁都会说。不过彼得用自己的故事说服了我，他和兄弟姐妹们都没有从父亲手中得到很多钱。沃伦·巴菲特给自己孩子的礼物，正是让他们在成为自己以及找到属于自己的成功中获得满足。

“金钱应当是成功的副产品，或是一种副作用，而并非成功自身的量度。”彼得如此定义。

那么假如成功不等同于拥有属于自己的真人秀或是赚很多钱，那么它的意义何在？这是个只有你能够回答的问题。为了帮助我们发现是什么让我们感到成功，彼得·巴菲特要求读者思考是什么让我们“个人合法化”的。他在书中写道：“在我看来，应当根据个人成就的实际内容来定义成功。要看一个人究竟做成了什么。”

这是一个显而易见的问题，但我个人却从未问过自己类似的问题。我养育了两个孩子、创造了一个家、拥有了一个家庭。除此以外，在我不再回避、走上舞台之前所做的一切都是缺乏经验的，因此我没有花时间去考虑自己真正完成了什么。相反，我用那些从新闻上、网络上、社交媒体上听闻的成功故事来代替我的生活。

另外，巴菲特还提出了一些哲理性问题，也很值得深思：“她是否在帮助他人？她是否发挥出了全部潜能？在她的生活和工作中是否存在激情和创造力？她想要去做的事是否存在基本价值？”

财富并不能带来美德，但美德却可以带来财富以及个人乃至全社会的幸福。

——苏格拉底

理解了这一点，也许我们就能理解为什么谷歌公司的执行官会辞职去帮助贫困儿童，或是某外科医生搬去非洲给当地人免费治病，或是某女演员离开好莱坞到蒙大拿培育治疗用的马，或是某个在华尔街工作的人同时兼职给囚犯授课。当我们不再考虑金钱因素，成功的概念会发生什么样的变化？彼得·巴菲特问道："当金钱的龙头关上之后，成功就消失不见了吗？假如它可以被如此突然地抹除，那么起初它又能有多可靠？"

要想反对目前的社会教条，认为财富并非生活的首要目标，是需要一定勇气的。我们希望能画出自己想要的成功，不断努力将自己的生活向目标推进。要做到这些，需要一些当下少有提及的品质：想象力和好奇心。与此同时，开放的理念也能帮助你做出更好的选择，从而用有意义的事情丰富自己的生活。

对我自己而言，我之前一直缺乏成功感，直到我和一群陌生人产生了联系，他们互相分享具有羞耻感和作为被害者的经历。和奥普拉分享了自己的故事之后，我找到了属于自己的成功定义，它包括讲出我自己的故事，作为故事的拥有者，用它来帮助他人。我从未想到这样的弱点竟然能帮我走得那么远。我只是不带有任何期望地让自己身处当下，接着便自然成长，找到了自己的使命。对我而言，能够听到陌生人衷心的一句"谢谢"，或是感受到孩子们为我而骄傲，这些便是对我最好的奖赏，也是最接近于财富的赏赐，不是任何彩票中奖所能带来的、持久的财富。

勇于继续的好奇心

你不需要成为托马斯·爱迪生。你不需要成为史蒂芬·乔布斯。你不需要成为史蒂芬·斯皮尔伯格。但你可以变得有创造性，富有创新精神，并能引人注目、独一无二——因为你可以做到具有好奇心。

——布莱恩·格雷泽（Brian Grazer）、查尔斯·费什曼（Charles Fishman），《好奇之心：美好生活的秘密》（*A Curious Mind*：*The Secret to a Bigger Life*）

我们已经鼓起勇气去体会自己原本试图逃离的恐惧感和脆弱感。我们甚至可能尝试了自我宽恕并对那些冒犯我们的人予以同情。我们了解到良好的自我对话将会影响到生活的方方面面。如今（希望）我们已经和那些在心中淤积着、脑中盘旋着的无用想法达成和解，我们的头脑感到更加轻松，有更多的空间去承载有趣的事情。开放的思想即为宽广的心胸，这两点在理解下一步行动时尤为重要。

所以我们现在结束了么？恰恰相反！我们才刚刚开始。

开始做什么？谁知道呢！谁又会在乎！现在还不需要担心这些事。我们先去找到自己的秘密武器，它是最棒的礼物：好奇心。没有感觉到它的存在？嗯，那就更好了，这正是好奇心最旺盛的表现！因为一般来说，好奇心是漫无目的的。我们有时候是会没有目的就行事，不是吗？就像在一个荒无人烟的高速公路上、在没有GPS指路的情况下漫无目的地行驶，谁没有经历过这样的感觉？我最喜欢好奇心艺术的一点在于它的矛盾性。你越是想去引领它，它看上去越是没有目的。不过这是一种假象，因为当你开始引导自己的好奇心时，你会反过来被它所引导，而它将把你带向你的最终使命。

发展心理学家彼得·格雷（Peter Gray）认为好奇心是我们最好的老师、是学习的基础。好奇心需要玩耍来促进，而玩耍也需要好奇心的驱使。它们相互依存，成为孩子们获取知识的重要方式。只要拥有好奇心和玩耍的条件，孩子们便会自主学习——事实正是如此。和在学校中学的知识相比，我儿子在骑车上下坡的过程中学到了更多的物理知识。这个情况在我们每个人的成长过程中都大同小异。在《玩耍精神》（*Free to Learn*）这本书中，格雷博士进一步解释说："自由玩耍的动机是建立在生理基础之上的。缺乏玩耍可能并不像缺乏食物、水或者空气那样致命，但它会消磨人的精神、阻碍心智的成长。"既然我们大部分人都是为了满足精神需求以及促进心智成熟而寻求自我疗愈的方法，那么我自然支持在计划中纳入更多的游戏内容和好奇心成分。假如缺乏游戏和好奇心是种阻碍而且是有害的，那么理所当然可以推论，这两者都是治疗我们困惑的解药，可以帮助回答关于生活将如何向前迈进的问题。

伊丽莎白·吉尔伯特（Elizabeth Gilbert）在她具有启发性的作品《奇妙魔法》（*Big Magic*）中，将好奇心视作当你对下一步不知所措时助你找到启示的秘密所在。她讲述了一个很酷的故事，当时她刚完成一部作品、青黄不接，对于之后要写什么毫无头绪。她并没有惊慌失措，而是跟随自己内心的想法，去了解关于园艺的方方面面。她对自己栽培的花草树木充满了好奇心，就仿佛是追着兔子进了一个充满知识的树洞一般。她将这段追随好奇心的过程称为“寻宝游戏”。她阅读了许多冷门领域的书籍，其中不少领域，她以前甚至都没听说过，而这仅仅是因为她对自己一路上所学到的东西始终充满了的好奇心。结果《万物的签名——关于欧洲植物探险家家庭的故事》(*The Signature of All Things—a novel about a family of European botanical explorers*)这本新书诞生了。

说到奇妙的魔法，你可能想不到比好莱坞制片人布莱恩·格雷泽（Brian Grazer）的传奇故事更加精彩的了。在他还就职于吉尔伯特团队的时候，他的好奇心已经开始萌发。他写了一本书，讲述好奇心在我们生活中的重要性。这本《好奇之心：美好生活的秘密》(*A Curious Mind*：*The Secret to a Bigger Life*）的标题就一语双关，暗示了他获得奥斯卡奖的影片《美丽心灵》(*A Beautiful Mind*）——该片由罗素·克劳（Russell Crowe）和詹妮弗·康纳利（Jennifer Connelly）饰演男女主角。在这本书中，格雷泽呼吁我们能在文化生活中将好奇心放在首位。他认为无论是在学校、工作还是家庭中，我们都需要更多的好奇心。实际上，他将好奇心作为一切的基础，包括伟大的成功、满足感、快乐以及这个世界的发展。设想一下，从走在红毯上的漂亮明星到关在实验室中孤独的科学家，再到围坐在餐桌边的家人——其实我们每一个人都拥有这股强大力量。是好奇心让世界维持运转。

想象力是一切匠心独具的伟大成就的基础。想象力引导人类从洞穴进入到城市、从挥舞着骨头到挥着高尔夫球杆、从以腐肉果腹到享用烹调后的大餐、从迷信走向科学。想象力是我们的创造之源。

——肯·罗宾逊（Ken Robinson），

《让天赋自由》（*The Element*：*How Finding Your Passion Changes Everything*）

"想象力不仅是一种帮你提升生活质量和幸福感、谋得好工作、娶到好老婆的工具，"格雷泽写道，"它还是一个关键因素，涉及我们当代生活中最重要的价值：独立、自主、自强。好奇心正是通向自由之路。"

格雷泽对好奇心的赞歌并不是在称颂我们这些试图寻求帮助、想要从痛苦经历中恢复的人。相反，他认为在创造性中、在追求目标的过程中、在教育中，甚至于在我们最重要的关系中，我们因为缺乏好奇心而造成了许多不必要的混乱。

是的，我们需要通过好奇心，去保持那些与朋友、家人和伴侣之间有益、深刻、互惠、持久的亲密关系。格雷泽写道："当我们对于自己最亲近的人好奇心减弱，也正是我们之间的关系开始损耗之时。这种损耗悄无声息、无迹可寻。但当我们不再向身边的人真诚地提问——最为重要的是，当我们不再认真聆听答案时——我们就开始失去和对方的关系了。"

布莱恩·格雷泽花了整整一章讲述这个真相，我对此尤为感谢。是好奇心——想了解成功对于我的意义所在、想了解自己能否真正帮到别人——让我重新融入了这个世界。而当你刚从困境中走出之时，如何能重新融入世界恰恰是最关键的一步。当时，好奇心促使我努力促进和丈夫的关系，而不是整日讨论那些柴米油盐和收入开支；促使我在节目中采访嘉宾时能够更加积极地倾听对方的故事——我至今仍在不断磨练自己的倾听技巧。由于我乐于用孩子们喜欢和常用的方式和他们交流，我作为母亲的意见也更多地被接受，孩子们和我分享的也更多了。最为重要的是，我养成了一个习惯，对自己有了更多的好奇——我究竟想要什么，我感觉怎样，为什么我这么做或者不这么做或是这么说。这像是一种探索方式，不过免除了探针所带来的痛感。当我被好奇心驱动时，我会用温和的方式积极地自我关注、仔细聆听自己心中的回答。正是这样的想法让我得以更好地了解自己、接受自己每天的改变。

不要再因自己的恐惧、情绪、痛苦故步自封了，我们要对好奇心的广阔天地敞开自己，去做自己该做的事。我们越能意识到自身的好奇心，就越能激活我们的意识，这个美好的良性循环将会不断扩大你认识的边界。

艺术与治疗

艺术创作是一种自然的方式，让你在安全、可控的状态下施展好奇心。在近期一项为期四年的研究中，梅奥诊所（Mayo Clinic）的研究者们发现绘画和陶瓷艺术能带来诸多益处。根据他们的报道，在中老年开始进行创造性活动的人更不容易记忆衰退。近期出版的许多书中也都认为，艺术中的创造力，无论是成人涂色、禅绕画（Zentangle，用笔在方形纸上进行的正念绘画）、写诗、用苹果手机拍私人电影或是画素描，都具有全方位的益处，就像在豪华度假和水疗中心休养了两天一般：能显著提高自尊和消除压力。

艺术治疗具体是什么呢？娜塔莎·夏皮罗（Natasha Shapiro）是纽约市翠贝卡疗愈艺术中心（Tribeca Healing Arts）的心理治疗师，长期从事包括艺术治疗在内的多种心理治疗。根据她的说法，艺术治疗长期被人们误解。娜塔莎的工作室中挂满了水彩画，帆布、蜡笔乱中有序地放置在各处，到处体现着创造的魔力。即使你此前从未手握画笔，你也会想在这里试着与艺术亲近。

夏皮罗自己是一名职业艺术家，但她的艺术品和她在工作坊中给来访者提供的那种很不一样。艺术治疗可以结合各种不同的媒介，包括音乐、诗歌、摄影、拼贴画、雕塑、绘画、戏剧、舞蹈以及运动等。你通过艺术治疗，例如语言、比喻以及肢体活动等来了解自己，和未知的自己建立联系，学会对治疗师分享感受、予以信任、展示自己脆弱的一面。

正如夏皮罗所说的那样，艺术治疗能够激发创造力，另外，这个过程也让人们学会了在疗愈过程中，给自己的反馈和应对机制中纳入更多的创意。来访者在多样化的活动中选择自己想要的进行参与，大部分人都能从一而终，艺术治疗的创造性通过这种方式使我们的大脑发生改变。它可以作为一种高于生活的方式来展示我们的好奇心，同时又能让你舒缓地拉伸自己名为“好奇心”的肌肉。

对我而言，积极的好奇心已然成为一项极佳的正念练习。能够充满好奇地追随某人某物并且充分地了解自己所为，没有比这更接近“留在当下”或“觉察自己的觉察”的状态了。（至少对我而言）拥有好奇心，让我感到专注、放松，最终达到自我的提升。当我不再继续做一些理所当然的事或是不再相信自己没有时间、没有精力停下手头繁重的工作，而是再次深入体验好奇心的流转时，我会感受到自己和世界相互关联，仿佛自己正在生命的旅途中，根据冥冥中的天赋指引、掌舵前行。

我还记得自己在芝加哥的哈普演播室的演员休息室（green room）里，等着和脱口秀女王奥普拉·温弗里一起登台。当时我的心情已经不能单用“紧张”来形容了。为了能让自己分散一下注意力，不要那么难受，我问制片人，为什么这间等候室明明大体是浅褐色的，却要被称为“绿屋子”（green room）。他的回答很有意思，之后我向更多的人提问，试图了解娱乐圈这个对我而言全新的世界，以及关于主持人或制片人自己的情况。我发现我的好奇心越是得到满足，我害怕的感觉就越是少几分。

此后我每每遇到电视制片人，我都会问他们更多的问题。他们向我介绍了一部剧中关键的角色分工：监制负责统筹运营，制片人创造该剧的内容，总制片人负责细节等。了解到这些行业分工和术语，有助于让我这个半吊子演员明白自己在全过程中的位置。

很久以前，我的好奇心带领我走进了一个新世界，这是此前我从未想象自己去涉足的。毕竟，我并非名门之后，也不是从纽约电影学院毕业的高材生，甚至连传播学学位都没有！但在我可以大摇大摆走进屋里之前，我还是选择了在这个“非请勿入”的行业里继续闯荡。

后来我加盟了华纳兄弟电视影像部，在《每日犯罪调查》中采访那些犯罪的受害者们，并且在 A&E 频道上参与了《家中的恶魔》这一节目的共同制作。

布莱恩·格雷泽认为每一场对话都可以是“充满好奇心的”。不过我们应该如何和自己进行充满好奇心的对话呢？你其实不必将这个过程和自我分析相混淆，实际上，只要让对话进行下去，其揭示的东西远比诊疗椅上的治疗要来得多。就好比对于孩子而言，他会更乐于回答“今天老师讲得最多的一个词是什么”，而不是“你今天过得怎么样”。你也是如此，通过更具针对性的问题，能够促使自己有更多的兴趣去了解自己的兴奋点。

我的好朋友卡罗尔（Carol）是我认识的最具创造力和想象力的人之一（这与她真诚待人和富有感染力的好奇心密切相关）。我问她是如何进行那些充满好奇心的自我对话的。她告诉我说：

> 当我感觉到自身的情绪时，我任由自己去体验这份感受，然后再接受它。不过我不会让它继续留在那里，而是让自己对它产生好奇。为什么唯独是这个人的语气让我心跳加速？这个没有答复的电话是怎么会让我感到害怕的？假如我没有再三校阅就把文章发到博客上，我会有什么感受？然后我会反过来问自己。如果我得到了相反的答案，又会是什么样？我之后又会怎么做、怎么想，会有什么别的感受呢？

卡罗尔的反转提问策略给我提供了一个很棒的灵感。她让我了解到好奇心就是从每一个可能的角度来审视事件。“为什么我喜欢香草味胜过巧克力味?”“假如我的儿子很女孩子气，我该如何和他对话?”从甜点口味到如何抚养孩子，我通过这些问题，将自己从局限的视角中拯救了出来。在我摘下眼罩后，我才真正看到自己身陷的误区，看到了自己所取得的微小成就，以及我此后将对这些问题如何作答。

五种启动性对话

这部分内容旨在教你一些不落俗套的问题，而不是“你是做什么工作的?”或者“你喜欢旅行吗?”这里罗列了一些我自己常用来破冰的方式。透过它们，你可以了解到信任的重要性；这并不是些浅薄的问题。通过这种方式进行提问，你是在邀请对方和你分享自己的内心世界。

1. 你喜欢自己正在从事的工作吗（很多时候，我在并不知道对方工作的情况下就先提出这个问题了)?

2. 关于为人父母/教育/授课/写作……方面，有没有什么让你出乎意料的发现?

3. 你是否认为自己可以做得比过去更好?你打算怎么去实现?

4. 在上一周有没有发生什么事情，让你希望能再次体验一遍的?

5. 你对这几年的音乐作品（或电视剧、媒体、电台广播、电影、优酷、书籍，等等）是怎么看的?

作为一个好奇的求知者，我们需要克服内心的慌张，自在地去提问并适当揭露一些自己的故事，而后者有助于形成一个更加有趣而坦诚的谈话氛围。对于受访者的信任很重要。不过更为关键的是要让对方相信你只是单纯出于兴趣而提问。如此一来，双方更容易从这场对话中获益。

这不是你已经想到了答案，而是因为你的心胸是开放的，你正在享受这个回答的过程。一旦你开始喜欢上这些问题，你的生活便打开了一扇门。

——保罗·科埃略（paulo coelho）[①]，

在巴普提斯·德·佩普（Baptist de Pape）的访谈中对他说

练习：好奇心只需鼠标一点

你本想上网查找一份苹果派的食谱，结果却发现自己看起了……林业？每一次看到维基百科的条目都会诱发你的好奇心，你只需在某个词上轻轻一点，就可以了解更多的情况。生活中的好奇心其实也没有太大差别。就像找“苹果派”这个词的时候我会点击“冰激凌”，这又会让我再去点击“细白糖”，再到“甜菜”，再是“培育植物”，最后到了“林业”。由此可见，任由脑

① 保罗·科埃略，巴西著名作家。著有著名寓言小说《牧羊少年奇幻之旅》（*The Alchemist*），全球畅销 6500 万册，被翻译成为 68 种语言，成为 20 世纪最重要的文学现象之一。

海中那些稀奇古怪的想法去点击那些概念和图片，可以引领我们了解一些若非如此自己绝不会想到的东西。想要深入了解自己的好奇心使得我们不至于错失那些美好的线索，帮助我们发现真正的自我以及我们想要前进的方向。我们此前可能会嗤之以鼻的“疯狂”念头，因为好奇心的存在，变得可以为我们所接受。我在查“林业”的时候神奇般地看到一张红木的照片，我曾在北卡罗莱纳州旅行时见到过。这让我忆起了一位老友，我现在已经和她在脸书上重新取得了联系，这都是苹果派的功劳！

当你从痛苦经历中走出后，你可以通过好奇心找到自己真正想要的生活。

倘若我跟你说，我对我父亲杀害的那些女性感到好奇，你会不会觉得有点吓人？但我的确是这么想的。她们是什么人？她们和我有什么相似之处吗？若她们还在世，我们可能成为朋友吗？她们会有同样的喜好、因同样的笑话而发笑、听同样的音乐吗？她们长什么样，她们心里在想些什么，她们又有怎样的人生目标和梦想呢？她们的家人又都是什么样的人？这些问题总是在我脑中环绕，直到有一天我的好奇心膨胀到超出自己忍受的极限。我必须将好奇心付诸实践，为此我需要鼓起勇气，联系那些受害者的家庭。我感觉仿佛有种对生命的可怕的迷恋之情在引导着我，让我逐渐了解自己想要追随的、真正的动机：想要讲述一些人的故事，还他们尊严，毕竟他们在某种方面曾给这个世界带来过巨大影响。这个想法后来成了一种使命式的召唤。假如我没有理会自己关于父亲罪行的想法，或是践行自己从很多人那里收获的建议，我也就不会去探讨自己的信仰，也不会坚定地认为每个灵魂都有自己的目的、每个灵魂都彼此相连。

我敲开一扇扇受害者家庭的门、将自己置身于他们的目光之下，加上我对电视节目无限的好奇心，这两者造就了今天的成果：将这个国家其他一些暴力犯罪的受害家庭聚集在一起。问题会从这个开始："她是谁?""她喜欢什么?""在她眼中，自己的生活正走向何方?"这些简单的问题让我了解到其实我们对于答案的渴求是多么自然的一件事。尽管我们要注意不要因这寻找的过程产生太多的心理负担，但另一方面，我们也无须因为自己对这些伤痕的好奇心而感到羞愧。试图挖出内心深处的记忆、回想起那些给我们生活带来困扰的人，这种做法未必对每个人都适用，但假如我们能够接纳这些问题，花一点时间去寻找答案，然后再继续前行的话，那么在这个过程中你自会有所收获。

核心价值

当你很明确自身价值的时候，你会更容易做出决策。

——罗伊·爱德华·迪士尼[①] (Roy E. Disney)

追随着自己的好奇心，我的所作所为和自己内心的价值（我每一分一秒都赖以生存的核心价值）愈发趋同。当你敞开心扉，倾听他人的故事、倾听这个问答中对方所流露的脆弱以及所需要的信任，那么你的收获将会是超乎想象的：你将会重新定义自己以及自己生活的目标。对我而言，我通过重新审视“和父亲的受害者的家属会面”的这个想法，认清了自身的两个核心价值：我们都很重要；人人彼此相连。这两个想法是我此前难以清楚说明的。

我通过这两个核心价值来定义自己的生活，它们就像是我人生剧本中的两条基本规则。当我自觉步入歧途或是茫然无措时，我便会求助于剧本。它会告诉我如何自处、如何进退、什么是值得一搏的、要和谁亲近，以及想要作何取舍、作何赏罚。这还只是开始而已。当你必须问自己“我是否真的想要这个？”“我真的

① 迪士尼公司创立者罗伊·奥利弗·迪士尼之子，沃尔特·迪士尼之侄，迪士尼公司高级执行官以及董事。

能这样做吗?”以及“我为什么会这样做?”时，核心价值或多或少会表现出它的影响。核心价值观是你赖以生存的系统，它提醒着你，同时也在告诉他人，对你而言重要的是什么。它们代表着你，也代表着你为之生存奋斗的东西。

假如我们不了解什么对自己而言是真正重要，那么我们会浪费很多的时间漫无目的地游荡并寻找自己的使命。而找到自己的最高价值并能依照其生活后，你便会得到惊人的能量，自然而然感受到内心的平静。

清楚了自己的个人价值后，我发现自己能够更快地做出决定。更棒的是，我对自己所做的决定比此前更加满意。我从著名心理学家及畅销书作者帕特·洛芙（Pat Love）那里初次听说关于信念系统的重要性。她认为一个人的核心价值系统决定了个体及其家庭能否走出创伤。就我个人的理解，我们的核心价值实际上是解决绝大部分问题的万灵药。不过解决问题的办法真的就那么触手可及吗?

“这是因为我们与生俱来就被赋予了这样的大脑，用以探索环境、找到锚定点或任何重要的地方做上标记，随后大脑便会用情绪体验来标记这些［情境］。此后，我们将会根据这些情绪体验采取对应的行为，”洛芙博士在电话采访中解释道，“当相同的［情境］再次发生时，这些先前所做的标记会给我们提供帮助。我们中许多人在上一次遭遇创伤时已经尽力去应对了，但正因我们并非专家、尚且年幼，当时拯救我们的策略在成年之后可能就不再适用，甚至对我们不利。当我们知道自己正在做错事的时候，应该怎么办?当然是选择忠于自己核心价值观的答案。当你已经做好‘战斗、逃跑或原地不动’的准备时，你会怎么办？这一切应对机制均共存于你的体内。那么你将如何应对这种多样的选择呢？此时找到自身最强的感受，并相信它会让你按照自己的核心价值观行事。当你离世之后，你希望在生者心中留下何种印象、你希望坚持些什么？你希望自己能具备怎样的品质？是什么成就了你？你必须充分了解这些底线。对很多人来说，就是他们管理自身应对的机制。”

“当我需要决定自己做出某种举动时，我会自问，一个友好的、乐于助人的人在这种情况下会是什么样子？她会怎么做呢？她又会说些什么？现在设想，我所面对的这个人或者这个情境并不友好，当然也许正是因此我才会让自己做出这样的假设。那么此时最为简单的反应自当是以其之道还治其身。然而我自身的核心价值此时却提醒我应当用友好而富有支持性的方式去回应对方。”我们需要记住的是，洛芙博士说：“当你根据核心价值观去行动，也许事情并不会像你所希望的那样发展，但最终你不会感到遗憾或悔恨——这两种感受都会引发自我厌恶之情。”

在和洛芙博士交谈后，我想和家人对自己家庭的核心价值观进行探讨，根据博士的建议，她认为这样可以帮助家庭化解冲突、团结一心。

练习：准备属于自己的剧本

你的价值不在于自己想象中的状态，而是你现在的样子。我所说的并非是要探讨什么道德问题，这是由社会因素决定的。我们的价值是自己生活的主心骨。它是你人生道路前方的灯塔。当你找到并明确自己的价值后，会有一些奇妙的事随之发生：它会以一种你从未预料的方式活跃起来、照亮你的生活、给你带来由内而外的滋养。当你的所作所为和自身价值观相匹配时，你会感到生活中充满喜悦，和你的目标相一致；即便遭遇挑战，你也能心如止水。

不过话说回来，你应当如何找到自己的核心价值观呢？对我而言，我当时是充分尊重自己的好奇心，不管脑中的想法看上去多么古怪、都愿意一试，这样的心态确实大有裨益。假如说你正好不知道应该怎么做的话，可以考虑尝试以下的提示内容，开发自身好奇心，探索内心和灵魂深处的想法。那么我们就开始给价值列一个清单吧：

1. 试着回想一下最后一次因为某人对待自己的方式而生气的情形。让你感到痛苦的根本原因是什么？你是不是感觉自己没有得到应有的尊重？你所想到的被冒犯的内容所代表的价值，可能正是你认为最重要的、需要坚守维护的部分。把它加入你的清单中。

2. 有没有这样的故事，你不论是第几次听闻或是读到它、都会忍不住热泪盈眶？这个故事涉及“救赎”或者“接纳”的主题吗？也许这两者正是你的优先价值。将其列入清单。

3. 有没有你认为无论对方是谁，你都难以忍受的行为？有没有这样一些事情，别人做了之后，你马上会反感不已的？这些事关乎撒谎或欺骗吗？假如是的话，将“真相”和“诚实”纳入清单。

4. 你有没有因为某些人待你的方式或是为你所做的事而改变，比如变得再次相信人性，或是改变人生的方向、使自己变得更好？这个人是否向你展现了无条件的爱、不懈的支持或慷慨，资助你或是为你提供住处？那么将“慷慨”和“爱”写入价值清单。

5. 你是否希望自己的父母能给予你一些别的东西或是能有一些改变？你是否想要模仿他们的某些行为？他们是否抛弃了你或是忽视你的需要？还是他们对你期待过高、管束过多？将“归属感”和“信任感”纳入你的清单。

现在看看你清单上的词，并试着划去那些非得取舍不可时你可以舍弃的词，每次划去两个。这个删减的过程很艰难，在这里你也可以进行之前提到的好奇心训练。设想自己处于这样的场景之中，想象自己可以忍受以及无法承受的情况。不断进行删减，直至你手边只剩下最后两个词。然后下定决心，通过这两个核心价值观的镜片，来回顾自己的痛苦经历。你的面前将会呈现出新的可能性。

为自身价值负责

试图逃避自己所为，是错误的，也是不道德的。

——圣雄甘地[①]（Mahatma Gandhi）

为了能够开启心智，我们需要深入探索并重拾自身价值观，将其在生活中合理运用，并对其负责。若能做到这些，我们便不会再偏离自身价值观行事，能够在试图破坏这些价值观的人或事情面前维护它们。

我们在这一章后文中介绍更多安东尼·肖力（Anthony scioli）博士的研究内容。肖力博士是知名作家和大学教授，研究领域是关于人的希望。他设计了以下的练习来帮助我们定义自己的核心价值观、学会忠于这些价值观以及就算面对痛苦经历和挑战也能够保持内心的力量。

第一步：我的价值观是什么？

价值观是用以指引我们生活的重要概念。关于价值，以下罗列了六件你需要记住的事：

---

① 莫罕达斯·卡拉姆昌德·甘地，尊称圣雄甘地，印度民族解放运动的领导人和印度国民大会党领袖。现代印度的国父，也是提倡非暴力抵抗的现代政治学说——甘地主义的创始人。

1. 价值观是你人格的一部分。人们往往会经由你的价值观来认识你、记住你。

2. 价值观是一种私人财产。价值观是你最为重要的所有物。

3. 价值观具有指南或者 GPS 的功能。价值观能在生活中指导我们的行为和选择。

4. 价值观让你快乐。当你能按照自身价值观生活的时候，你会体会到极大的快乐。

5. 价值观像肌肉一般运作。价值观能赐予你力量，让你在工作中超常发挥。

6. 价值观是一枚荣誉勋章。当你将其告诉别人时，你会感到自豪。

两种价值观

1. 生活的规则：我们将其称为工具性价值观。它们就像是不同的乐器，可以来演奏生活的乐章。我们将其视作生活的规则加以使用。例如："我认为努力工作是有价值的 ，因为这样可以帮我达成目标。"

2. 最大的人生目标：我们将其称为终极价值观。"终极"就意味着终点或目标。这类价值代表着那些我们想要达成的目标。例如："我最重要的目标之一就是过上舒适的生活。"

如何确定你的个人价值观

1. 你可以选择六种价值观。

2. 你必须在每一组中选择两个（A 组两个，B 组两个，C 组两个）。

3. 即使没有人在身边的时候也要遵守这些价值观的要求。

4. 为了坚持这些价值观，你将需要忍受一些痛苦或牺牲。

5. 恐惧或者怀疑不能阻止你坚守这些规则。

6. 其他人也不会让你改变对这些价值观的想法。

在你认为最重要的六个价值观前打钩。请记住，你需要在每组中选取两个。

A 组（选择两个）

1. 公平：我想捍卫所有人拥有平等和机会的权利。

2. 助人：我想帮助那些生活艰苦、贫困或是遭遇困难的人。

3. 真爱：我想找到自己的灵魂伴侣，和对方在一起。

4. 钟情：我想要热情而温柔地对待那些我所爱的人。

5. 真正的友谊：我希望自己能值得信任、慷慨待人。

6. 忠诚：我想能对自己关心的人保持忠诚。

B 组（选择两个）

7. 社会认可：我希望能受人尊重、被人欣赏。

8. 有野心：我希望自己努力工作、为自己设立人生目标。

9. 智慧：我想变得更加聪慧，对万事万物有深入的了解。

10. 能力：我希望自己能真的擅长某种职业、运动或兴趣爱好。

11. 成就感：我想成就一些伟大的事并且被人铭记。

12. 胆识：我希望能被视作勇敢的人。

C组（选择两个）

13. 自控：我希望能足够自律、不要太冲动。

14. 家人的安全：我希望能够照顾和守护家人的安全。

15. 自由：我希望能够独立生活并能拥有各种选择的可能性。

16. 健康：我希望能有健康的身体和心灵。

17. 救赎：我希望自己的灵魂能升入天堂或是获得永生。

18. 和平：我希望生活的世界能远离战火。

第二步：我的成功秘诀（营养和消化）

我们的价值观往往来源于外界环境。这些价值观就好比食物，我们需要加以消化吸收，然后才能以自己的方式加以运用和践行。你的价值观从何而来？是受到一个人还是多个人的影响？你希望自己如何运用你的价值观？

第三步：继续前行

什么样的行为习惯可以帮我践行自己的价值观呢？什么样的行为习惯妨碍我依照自己的价值观来生活呢？是否存在某些内在的（个人的）阻碍，比如恐惧或是怀疑，让我难以依照自身价值观生活？是否存在某些外在的障碍（他人或是某种情境）阻止我依照自己的价值观行动？有没有什么人或是什么东西能帮助我按照自己的价值观继续生活？

一笑而过

我小时候很少笑，也正是如此，我从未想到自己的一个核心价值观会是想在大多数事物中寻找幽默。但当我回顾往昔，将一切可笑的不幸尽收眼底后，我学会了在绝望之境中发现趣事，而这也成了我的一种救赎之道。现在我已长大成人，我一直用这个方法应对外界的风雨。

刚开始，我只是说些自嘲的笑话或是和丈夫私下里嘲笑某些事，都是一些关系亲密的人之间才会分享的那种私密笑话，外人听来不会觉得有什么幽默可言。不过后来，我开始钻研幽默的作用，发现通过这个特殊方式，我们能敞开内心，让治疗得以进行。幽默是一种人际沟通方式，只要一直保持幽默，就很容易让自己岁月静好。很多人会觉得人际沟通很困难，因而选择练习幽默，尤其是黑色幽默，这是他们保持开放心态的唯一方式。就像谚语所说的那样，“为了不哭，我们必须笑”。这也是我们的下一个故事探讨的内容。

佩妮（Penny）的故事

“在我长大的过程中，越南就像是我一个从未谋面、长期失散的姐姐，”佩妮和我说道，“我知道她就在这里，在父亲的日思夜想中徘徊不去，但我全然不知她的样貌如何、身上散发怎样的气味，她的梦想又是什么。她是我年长四岁的‘姐姐’，将1969年刚满十八岁的父亲掳走，在我出生时留给我了一个孤僻冷淡、总是失眠的父亲。家里每一个人都知道父亲曾经服役，但他更希望将这段经历对熟人或邻居们保密，尽管大家在他从战场回来后纷纷问他这段时间去了哪里。‘我被关在监狱里。’他会如此回答，因为在那个时候，和越南相比，监狱更能为人所接受。”

“当父亲一天天老去，我们也在一天天长大，他开始一点点说起自己在东南亚的经历，讲述的口吻更像是在回忆一段值得怀念的高中生活。他会翻看那些自己和‘兄弟们’在香港休息娱乐的照片，跟我们讲述那些往事，描述他的表弟是如何偷偷将走私的意大利香肠和伏特加酒放入爱心包裹中、寄送到他的驻地；缅怀着有些狂热的舅舅资助自己的战争‘开支’、给自己汇款。我们此前甚至不知道他曾经获得过紫心勋章。父亲在跟我们讲到男孩们在兵营中发生的趣事时，看上去是那样无忧无虑，似乎把其他的事都已抛诸脑后。”

“当我母亲看到照片中的父亲——他一脸傻笑，腿上坐着一个越南姑娘——露出了不悦的表情，父亲便会戏弄母亲一番。‘苏珊，别吃醋啊，’他风趣地说，‘她只是让我想起了你，和你一样，她说的话我完全听不懂！叭——咚嘶。’”

“这不是我父亲第一次涉足这恶名昭著、泛滥成灾的性交易中了，他试图在这里逃避现实；这些事情我都是在看过《西贡小姐》(*Miss Saigon*)这部音乐剧后才有所了解。”

“在一些节假日的晚餐中，有时会有不期而至的门铃声传来，此时父亲会当着一些远方亲戚和我大学同学的面开玩笑说：‘哎呀，孩子们啊。门口可能是你们长期失散的越南兄弟或姐妹，跟你们争夺遗产来了。’我们先是愣了一下，以为他疯了，紧接着就爆发出一阵大笑。随后我便会起身前去、小心翼翼地打开大门。”

对于自己身处的这样一个充满冲突的世界，幽默感是我们的一种自然反应。在许多个案中，面对让人困惑以及模棱两可的状态，这往往是我们的最佳回复。对佩妮的父亲而言，他在战争中的经历给他带来了严重的创伤后应激障碍（post - traumatic stress disorder），这意味着他很容易因为一些突发的声音而感到慌乱，比如说不期而至的门铃声。对他来说，他的脑中正在经历着激烈的斗争，而笑话是他的应对方式，否则他就会陷入惊恐发作的情绪中。此时他脑中所争论的可能是：我正处于危机中。我很安全。我现在在哪里？为了平息疑惑，有些人可能会在和另一半吵得不可开交时，发现自己居然忘记了最初的导火索为何，于是放声大笑。或是看到自己的朋友跌倒在路边时，什么也不做，只是冲着对方笑个不停。对他而言，其实这并不是一个可笑的情况，反而他正在迷茫——他受伤了吗？他是在开玩笑吗？我能做些什么？大脑在试图加工全部想法时，偶尔会给出大笑的指示。这告诉我们一件什么事？笑和哭、战斗、逃跑或原地不动一样，是自然且固定的反应。

职业的单口相声演员在喜剧创作中会遵循很多规则和方法，其中一条就是要依靠不舒服的事物和不可预测性来创作。对于以上两个要素，对每一个经历过痛苦体验的人都是家常便饭了。我们现在正处于不舒服的状态，也不知道自己将要去向何方。不过在喜剧中，这两者都是极好的素材。正是因此，让我们也将自己的痛苦经历转换成好的素材，让它们为我们所用吧。神经科学家斯科特·威姆斯（Scott Weems）博士在他的作品《哈哈！关于为何笑、何时笑的科学》(*HA! The Science of When We Laugh and Why*)中解释道，我们的大脑通过制造不舒适感，不仅可用以解决问题，还可以“将自身的压力和消极情绪转化为一些积极的东西，比如说大笑”。在一些悲伤的场合中寻找一些幽默的话题，其实并不是因为你很卑鄙或是有伤风化、不合时宜或是没有同理心，这只是一个自然的防御机制罢了。

我们可以将笑声视作一种语言，它不是由文字组成，而是一种具有能量的真心释放。当我们没能寻得答案时，它给我们提供了一种答案的可能性。它就仿佛是在为我们内心的幽默感代言，当我们正在经历一些难以解释的冲突、困惑、不确定或是模糊的事态，感觉自己语汇的贫乏时，帮助我们进行表达。笑声甚至可以在我明确自身感受之前就帮我确定这是何种感受。在我年轻的时候，我好几次从自己家里逃到朋友家，尽管脑子里很乱，但会对朋友说：“我没什么要求，只要让我笑完就好。”我也发现幽默对我而言的确是宣泄愤怒的极佳方法，尤其是能帮我宣泄那些来自对自身家庭的怒气。我并不是说这是应对愤怒最健康的办法，也不是说是唯一的方式，但研究者们认为这必然不是最坏的方式。在我们的愤怒中蕴含着真相，因此，评论家乔治·桑德斯(George Saunders)认为：“幽默会在我们比以往更快更直接地被告知真相时产生。”

假如我们认真思量一番，大多数情况下会发现幽默是自己做出回应的唯一方式。“我只能选择大笑。”我们会在和他人联系时、表示自己波动的情绪时，或是面对媒体播报的社会问题时都可能会这样说。为了不哭，我们选择大笑。

最为成功、最具标志性的喜剧演员中，有一些人的童年相当不幸。

你可以去问问理查德·普赖尔[①]（Richard Pryor），这个出身于妓院的小男孩，作为妓女和皮条客的儿子，他会嘲笑些什么呢？

你可以去问问卡罗尔·博内特[②]（Carol Burnett），作为两名酗酒者的女儿，她会觉得什么是滑稽可笑的？

你可以去问问赵牡丹[③]（Margaret Cho），作为强奸案的受害者，她会嘲笑什么？

你可以去问问史蒂芬·科尔伯特[④]（Stephen Colbert），他十岁时在一场空难中失去了父亲和两个哥哥，他又是怎么处理自己的幽默感呢？

尽管研究（以及文学作品）都建议在糟糕的情况下多笑笑或是发挥一下幽默感，但很多人还是认为这种建议有些麻木不仁而且不切实际。果真如此吗？

艾利克斯·里克曼（Alex Lickerman）医生在《今日心理学》（*Psychology Today*）网站发布的名为《我们为什么笑》的帖子

---

① 理查德·普赖尔，美国著名喜剧演员。出演的喜剧影片包括《难补情天恨》（*Lady Sings the Blues*）、《阿叔有难》（*Stir Crazy*）、《银线号大血案》（*Silver Streak*）等等。

② 卡罗尔·博内特，60年代的综艺节目《卡罗尔·博内特秀》（*The Carol Burnett Show*）的主持人，喜剧演员，也是第一个拥有自己的节目的女演员。该节目曾获七项艾美奖提名、三次获奖，以及五项金球奖。

③ 赵牡丹，韩裔美国人，非常成功的喜剧演员（单口相声演员），活动主持人，作家、博主，著有畅销书《正面迎战》（*I Have Chosen to Stay and Fight*）。

④ 史蒂芬·科尔伯特，美国知名脱口秀主持人，喜剧演员，艾美奖获得者。主持节目《科尔伯特报告》（*The Colbert Report*），并凭此节目获得20余次艾美奖提名。

中说道：

一些心理学家将幽默感划分为一种“成熟”的防御机制（和“精神病性的”“不成熟的”以及“神经症性的”防御机制相比较），可用于保护我们免于过度焦虑。我们对自身遭遇的创伤性事件笑而置之，并不是指让我们无视问题，恰恰相反，这是为了帮我们做好准备去承受问题的挑战。

然而要能做到对创伤性的损失笑而置之，需要一定时间的修复。比如说，我们一开始会因为自己失去了一只手或脚而想要自杀，但随着时间流逝，我们渐渐习惯于这个丧失的结果，最终发现自己可以自在地开自己的玩笑。这实在是太奇妙了，时间的流逝对我们居然会有如此影响，让我们得以对之前惹哭自己的事情加以嘲笑。也许当事情刚刚发生时，那些提醒我们失去了东西的警告实际上是“错误的”。最终，我们还是得以幸存，再次快乐起来。

能够用幽默去面对往日创伤的能力可以作为心理康复的可靠信号。倘若再加以扩展，当创伤发生的当下或是短期内便能够笑而置之，便意味着向自己和旁人说明我们相信自己有能力去承受这一切。（这可能就是为什么笑对于所有人而言都是一种愉悦的体验：它让我们感到事情将会好起来。）

希望的桥梁

不论你的生活多么困苦，至少你能找到你的希望。此后最好的情况，就是你能生活在那个希望之中。不是从远处欣赏它，而是生活在其中。

——芭芭拉·金索沃（Barbara Kingsolver）

维托（Vito）和黛博拉（Deborah）的故事

整个储蓄账户都被清空了。维托和黛博拉为了他们的女儿珍妮（Jeanine）上大学而积攒下的全部基金也都花完了。为了帮珍妮支付第三次前去康复中心接受治疗的费用，唯一的办法只有出售房子、预支维托的养老金。黛博拉的家人告诉她，是时候放弃他们的独生女、和她断绝联系了。在他们看来，珍妮现在已经二十岁了，她很清楚自己的所为——从自己的父母家里偷窃、说谎、为了得到想要的冰毒耍尽各种花招。自从女儿开始和一群高中小混混为伍以来，这四年里维托不断地听到这些不请自来的建议，他默默忍受着。虽然承受着极大的压力，维托和黛博拉二人仍旧团结一心。因为他们很清楚一点：要对自己唯一的孩子不闻不问不是一件易事。何况她还生病了、染上了毒瘾。

从十六岁开始，珍妮在外面的时间远比在家要长得多。写着康复中心地址的卡片和信件每周都会寄到，每次读到到女儿优美的文字，感受到信中洋溢的爱意和对他们将她送去治疗的理解，黛博拉和维托都欢喜不已。读着女儿的悔过之辞，维托哽咽了，流下了悲喜交织的泪水。他仍旧希望有一天能挽着女儿走过红毯，送她走向梦想中的生活——他一直梦想着自己的小女孩能过上的那种生活。

与此同时，亲戚纷纷嘲笑黛博拉和维托，称他们是蠢货和软蛋，不愿意和他们继续来往。珍妮把她认识的每个人都偷了个遍，甚至她的教父也没放过。珍妮的男友比自己年纪大很多，正是他带着珍妮接触了冰毒，也正是他策划了这起入室行窃。维托从狱中将女儿保释出来后，他和教父之间再无联系。珍妮从她的教父那里偷走了比金币还重要的东西：两个兄弟之间的信任和尊重。

维托和黛博拉有一些好朋友支持他们的所为，但对于黛博拉开朗的表现感到有点困惑。她经常开怀大笑，并在一个为无家可归者服务的庇护所中做义工。她自诩为乐天派，将珍妮的故事告诉大家，毫不避讳她正在佛罗里达州南部接受治疗的情况。

维托和黛博拉喜欢跳舞。自从珍妮在四岁答应开始弹钢琴后，音乐就成了他们生活的重要组成部分。珍妮常常在信里谈到自己将如何再次开始练琴，她还答应之后与父亲一起并肩联奏。黛博拉常常会不由自主地在厨房里打开收音机，和顺道喝茶拜访的朋友一起来一个“舞会”。当我问黛博拉，自己明明一贫如洗、随时可能无家可归、又失去了亲人的支持，怎么还能笑得出来，她回答道：“我笑，是因为我的女儿不能自在地笑。如果她不能快乐、跳舞或者大笑，我会为她做这些，并希望她终有一天能再次享受这一切。”

希望。这个词听上去似乎有点愚蠢，也并没有得到什么尊重。在亲戚们眼中，黛博拉和维托的希望听起来像是否认、愚蠢或是一厢情愿的想法。但对这对夫妻而言，希望对于他们是真实的、实在的、笃信的，他们了解自己的女儿，认为她不会继续自甘堕落、沉溺毒瘾。他们了解她、深爱着她的灵魂。

“我不仅希望女儿能完全恢复，而且还相信康复中心的科学性，”维托告诉我说，“我们知道我们的女儿可以做到，但我们还必须相信她身边的那些工作人员和管理者们，相信他们正在尽己所能帮助她。”

黛博拉之后的这段话给我留下了深刻的印象：“我们知道自己的女儿是出于某种原因被送到我们身边的。和女儿一样，我们每天也都在收获教训、接受考验。只要她一直努力工作，她的行为就是在告诉我们，她多么想要继续生活、她知道自己的病情的程度、她有能力治疗并战胜毒瘾。没有希望的人又怎会了解这些呢?”

从某种意义上来说，是希望救了珍妮。所以，这个故事表明了希望并非可有可无的情感，而是一种强大的力量，它足以保持一个家庭完整、帮助家庭中的女儿继续生活，并尽己所能努力地活下去。

黛博拉和维托不仅是将希望当作避难所，他们还不顾一切地紧紧依附其上。他们被风暴无情地丢到了成瘾的凶险水域之中，给他们单单留下一份希望漂浮于水面之上，在他们需要的时候奏出一首浪漫的歌曲。当暴风雨来临、可见度降到零时，这个浮标就成了一个安全信号、一项位置标记以及一种通信形式。它当然不能彻底拯救我们，毕竟我们不可能将四肢永远绑缚在浮标边上。然而，它给我们以浮力，我们可以保持呼吸，在意识到痛苦、接受当前情况和采取行动、决定沉没或是游动之前，让我们得以稍作喘息。希望就是这样发生作用的。希望是一个浮标。它漂浮着，让我们也跟着漂浮，直到我们感觉是时候再次游动。

当我们在这个短暂的过程中学会开启心智后，希望会变得更加重要。我们必须保持开放的心态，才能从希望的力量中受益。

抑郁是完全丧失信心的表现。

——大卫·沃尔普拉比

那些学会将希望的力量融入自己旅程中的人，往往是在遭遇了生活中最大的困境之后学会这样做的。希望可以改变一个人的生活轨迹。我感到很幸运，自己生来就倾向于看到希望，但我也见证过身边亲近的人失去对宇宙智慧的信仰后，就此畏缩不前。

在我父母第一次分手、我们这些孩子们和妈妈一起搬到了斯波坎（Spokane）后，我父亲一度做出承诺，说他想和我们一起生活——他已经把情妇赶出自己的生活了，但我父亲只搬来住了两个星期。当他离开时，我感到非常虚弱，甚至没有力气下床和他道别。我看到父亲的箱子几乎没怎么打开过，然后就重新打包好了。和这件事带来的伤害相比，看到弟弟杰森（Jason）和妹妹嘉莉（Carrie）再次深陷绝望的悲伤表情更让我心痛。他们心里的某些东西已经关上了，我知道它是什么——是希望。他们看起来像是一具具孩子外形的空壳，他们的表情和我在母亲脸上看到的如出一辙。我也一样，对父亲感到伤心失望，但同时另一种情绪也在我心中掠过——这是一种我从未有过的烧灼感。我对托妮(Toni) 产生了强烈的愤怒和怨恨，正是这个女人让父亲再次打破了自己的承诺。我的愤怒当时把我吓坏了，但即使是在那一刻，我也很感激自己能够有所感觉，而我的弟弟妹妹当时的无望状态则意味着他们几乎什么也没有感觉到，我很担心在他们自我封闭后会发生什么事情。

只有一次，我觉得通向未来的一切希望都被切断了，这是在我父亲被定罪后不久，父亲的妹妹开车带弟弟和我去华盛顿州温哥华市的克拉克县监狱探望父亲。他因为犯下连环谋杀案，正在那里等候被送去终身监禁。我还没想好怎么接受这件事：爸爸居然做了那些事——强奸年轻女性（像我曾遭受的暴行那般)，然后将她们视作草芥一般，扼杀她们的生活。我最终不得不面对这个事实，但青少年时期的我一直希望父亲将能够拯救我们脱离现状：从贫穷、暴力的继父和缺席的母亲身边解救出来。他的探视次数就算是少之又少，至少能让我从一个悲惨的家庭生活中逃出来喘口气。我希望能有位救世主父亲，能在杂货店尽情购物，能有一场充满惊喜的公路旅行，带着我们走得越远越好。但是，当我将肮脏的话筒递给弟弟，让他得以听到父亲在玻璃的另一边所说的话时，我脑中只想着一件事：玻璃对面的就是我的生活。是的，我的父亲是带走了那些女人的生命——但他也曾带着我和我的兄弟姐妹的全部希望。现在他在监狱服刑，我们便再也不能领取抚养费，再也无法去杂货店，最糟糕的是，再也没有人能保护我们逃离罗伯特的暴政了。

我开始发脾气、过度进食，正好用以衬托我内心正在上演的怜悯大戏。但后来一些美好的事情发生了，我将其视作奇迹和生存本能的集合体。我开始试着让自己每天都能对美好事物充满感激之情。我不是很清楚这种要在每一天寻找某些美好事情的动机从何而来，不过我怀疑这可能源于祷告。我经常做祷告。我总是和上帝、宇宙或者说是万物之源进行对话——尽管我不知道应该怎么称呼它。因而我主要还是向上帝祷告，请他赐我力量，让我能在自己的生活中看到光明、得到我所想要的祝福。我开始欣赏自己身边的恩典时刻——与兄弟姐妹在同一屋檐下的生活，每一个继父没有发火的日子。

一旦你不再把事情当作理所当然，你便会打开一扇窗，让希望之光倾泻进来。有了希望，自由、选择、信任都会伴随而至，你从此不必再过如同困兽一般的生活。有了希望，你可以找到更多赢得权力的机会，从而愈发相信自己能善加运用这些力量，帮助自己不断成长、自我修复。

> 生活中的不同时刻带给我们不同的感激的理由。当你拥有它的时候，捕捉到你所拥有的对象，即为礼物。
>
> ——贾尼斯·卡普兰（Janice Kaplan），
>
> 《感恩日记》（*The Gratitude Diaries*）

由于我需要寻求抚慰，因而和大多数同学相比，我对学校可能怀有更多感激之情。回想过去，我很是感激，我至少有机会能来到这样一个有着良好师资的体面学校，这使我打破了既定的生活轨迹、成为一名更好的学生。我专心地听老师上课，相信他们是因为某些原因而被安排在我的生活中，并希望我能与他们同行、成长为不同于我家人的样子。

我梦想着，相信他们能使我的日子变得更好、更能忍受，有时甚至还有些快乐。我开始感到自己真的活着，希望开始在我的内心萌芽。起初，我只是希望我的父母能够一起回家，然后我希望大家能像家人一般生活，接着是能够拥有属于自己的房子，再接下来就是做一些自己想做的事。这其中有一些想法和情绪看似不切实际、过于天真。但正是这些希望让我继续前行，让我的内心保持活力。我当时并未意识到这些梦想将在我的未来发挥多大的作用。但现在我明白，希望不是什么虚无缥缈的东西，而是我们的人格和人性的内在部分——这一点已由一项研究观察证实——我也见证了它的力量，使我治愈、助我成长，最终获得了今日的成功、将一切化成了现实。

希望为何有效

心灵有能力改变免疫系统。

——乔纳斯·索尔克（Jonas Salk）

在《焦虑时代的希望》（*Hope in the Age of Anxiety*）一书中，安东尼·肖力（Anthony Scioli）博士和亨利·比尔（Henry Biller）讨论了50多项科学研究，这些研究证明了希望具有疗愈的力量，因为它让人觉得自己的所作所为拥有目的性、感到自己能够控制自己的生活。肖力博士是基恩州立学院（Keene State College）临床心理学教授，他认为很多人正在丧失希望的力量，无法用希望给自己带来身体、情感和精神上的疗愈。他称这种现象为全球希望短缺，这对于那些需要面对焦虑、抑郁或躯体疾病的人而言尤为糟糕。人们对希望印象不佳，主要还是因为这个词总让人想起那些喜欢胡思乱想或是坚信无稽之谈的人。许多坚持希望的人被认为是在否认现实。然而，希望实际上是去设想及相信一个积极的未来，那里充满着人生目标、人情温暖、充足的自由度和生活的意义感。肖力博士的研究表明，自从希波克拉底时期以来，一些最著名的科学家和医生已经认可了这一观点，即思想和情绪在患病和康复过程中发挥着关键作用。当我们遭遇痛苦时，希望即便不是最重要的，也是疗愈的主要成分，我们不能再忽视它的作用。对许多内心坚强的人而言，希望是他们最重要的财富，即使他们正处于生死边缘，他们也深信着会有更好的东西在另一边等待着他们。

肖力博士对我们生活中的各种各样的希望形式进行了研究和测量，他为此投注了极大的热情，而这种热情也普遍存在于其他众多著名研究者和作家之中，他们正共同致力于提高公众对希望的评价、为它赢得更多的认可。在这些专家中，积极心理学家查尔斯·R. 斯奈德（Charles R. Snyder）博士是其中最为坚持不懈的一个，他也取得了优异的成果，和同事一起提出了“希望理论”，该理论假设一个人的热切希望与其对成功的强烈渴望和聪明智慧之间存在相关性。

“仅有目标是不够的，”斯科特·巴里·考夫曼（Scott Barry Kaufman）博士，在《今日心理学》（*Psychology Today*）网站的贴文《希望的意愿和方法》（*The Will and Ways of Hope*）中解释道：“一个人必须在生活中种种不可避免的曲折中不断接近这些目标。希望能够让人们用指向成功的思维和策略来解决问题，从而增加他们实现目标的机会。”

我们迄今为止讨论的一切（如脆弱、恐惧、宽恕、自我同情和核心价值观）以及我们尚未探索的东西（如信心、目标设定、控制和力量）都依赖于一个共同的因素：我们在生活中拥有多少希望。希望不只是一个无聊空泛的情感体验，而是一种实用的工具——我们一切感觉、信念和行为的基础。如果你不希望自己的行为能够带来改变，你又如何能够把握机会去原谅别人或是自己？如果我们不希望获得关系和意义感，我们又如何去承担脆弱带来的风险？尽管“想做就做”这个座右铭的确值得赞扬，感觉似乎英勇无畏，但人们往往不会在缺乏明确的动机及有意义的动力时便鲁莽行事。我们的研究覆盖了运动员、学生、工人、儿童、患者、退伍军人、节食者等等，对他们的希望进行了调查。有什么共同的发现？希望的水平越高，其个人经历中的成就、自我成长、治愈及平静感就越多。

练习希望

希望可能会被误认为是其他事物，比如乐观、心愿，甚至是否认。尽管积极的态度、看向好的一面这些都是优秀品质，但它们只构成了希望故事的半壁江山，而并非希望的同义词或是可互换的概念。在 2008 年，克莱蒙特神学院（Claremont School of Theology）的应用神学副教授杜安·比德维尔（Duane Bidwell）博士研究了慢性病患儿的希望形式。他在美国有线电视新闻网（Cable News Network，CNN）上发表的一篇文章中澄清了希望和愿望之间的显著差异。愿望使人愈发被动，而希望代表着积极的立场。“希望是一种幻想，人们因此相信一切都会好起来。希望实际上是为了艰苦的工作而诞生的。”

因而，乐观积极的态度对我们大有裨益。不过我们又要如何获得或是提升自身的希望商数（hope quotient），为自己将要投身的艰苦工作做好准备呢？

1. **与未知达成妥协。**接受你的过去，将它当成你不能改变的东西，并能够认识到生活的真谛便在于那些未知的领域，我们须得顺势而动而非逆流而行。没有人能知道新的一天会发生什么，但我们可以下决心在每时每刻都做到最好，并相信这些付出都是有意义的！

2. **听从你的直觉。**无论你是否拥有宗教信仰，希望都是精神生活的重要组成部分。同样的，我们的直觉也是这个世界赠予我们的宝贵礼物，和希望一起存在于精神世界之中。你要相信自己生来就具备了内在指南系统，它绝对精确、永不犯错，并总能给你指引正确的方向——它就是希望。当你下决心相信你的直觉时，你将不再恐惧，只剩下希望。你会相信自己将在这天赐的指南指引下做出更好的决定，朝自己命运的方向走去。

3. **挑战自我。**若我们二十年来都在驾驶汽车，我们能从中获得什么样的希望？若你证明自己能够走出舒适区，你会发现自己的希望商数得到了显著提升。接受挑战所带来的刺激——无论你成功与否——都能让你变得更好。漫无目的的行动不会让我们获得成长和进步。一旦你走出去、尝试你并不擅长或是从未试过的任务，你会对过程产生更多的信任，并相信自己可以以更快的速度获得成长。

4. **社群共享。**假设自己身边的人，比如我们的隔壁邻居曾遭遇过苦难。他们的生存故事一定会鼓舞人心，找其谈话或倾听他们的诉说可以带来大量的希望。他们的存在，证明你并非孤身一人在承受痛苦，而且你也可以渡过难关。作为他人的支持系统，我们也能获得一些相应的回报。我们会发现自己已经从自身痛苦中获得智慧并能与需要它的人分享，从而感到自己富有价值、充满希望。

5. **有选择地使用新闻媒体。**这不仅仅是因为战争、恐怖主义、经济崩溃、绑架和自然灾害的故事会对我们的情绪产生恶劣影响，它们还可以削减我们的希望商数，使我们陷入一个“有什么意义”的模式。我很幸运，当自己在从事以悲惨的犯罪故事为基础的工作时，我所访谈的家庭纷纷以戏剧化的方式向我展现了其遭遇悲剧后的生活，它们仿佛希望的灯塔，帮我从此对焦虑和抑郁症产生免疫。我极力推荐你对所关注的媒体进行筛选。

6. **相信更高的秩序。**这个世界每天都在给我们提供各种机会，即使是不好的事情也都是事出有因。这便是所谓的相关性，而我深深相信它的存在。我最大的希望就是：每个和我相遇的人都是为了更宏大的计划而行事的，我们将在《提升灵性》这一章中讨论如何在你的生活中获得更多的同步性。

7. **从他人处借来希望。**当你目标明确时，人们便会倾向于聚集在你的身边。从别人那里收获实际性的支持，例如加油鼓劲或是建议、帮你找工作，甚至只是向对方宣泄一下情绪，这些帮助使你始终感到自己的生活正蒸蒸日上。此前，我想要告诉大家自己要拍摄一个节目，名为《家中的恶魔》。然后某人会提及他所认识的投资商，而又会有人向我引荐一些喜欢看电视的人，他们会告诉我怎样能提高收视率等。我长期从事这个治疗节目的写作、修改，并和制作方进行谈判，即使是杂货店的店员都会问我进展得如何了！和他人的每一次互动或多或少都提高了这场节目的质量及亲和度。

8. **预见未来。**谢恩·洛佩兹（Shane J. Lopez）博士是盖洛普（Gallup）的高级科学家，被誉为希望心理学的世界权威。在《希望：创造你自己和其他人的未来》（*Making Hope Happen：Create the Future You Want for Yourself and Others*），洛佩兹博士写道，我们的思想可以回到过去，也能前往未来，或是“预见未来”，这是希望产生的基础。预见未来指的是我们能在多大程度上对未来进行设想，它同时衡量了我们对于进步进行想象和希望的能力。他引用了坎特里尔（Cantril）量表[①]这个简易工具来测试我们对未来的期望。它就像是一个想象的阶梯一般，其顶部代表你可能拥有的最好生活，而底部则是最糟糕的情况。你现在正处于阶梯的哪里？你认为你五年后又会在哪里？“无论你从哪里开始，无论你可能的最好生活看上去有多远，”洛佩兹博士写道，“如果你希望在五年后的今天爬上更高的位置，你便是分享了希望的第一个核心信念：‘未来将会比现在更好。’”我们将会针对这样可视化的练习进行讨论，了解它如何能帮助你进一步想象自己的理想生活。

以上八个想法，在你开始用希望对抗痛苦的束缚时，它们像是一个个钉子，牢牢钉在希望之家的地板上，使其更加牢固。当你利用希望的暗示作为隔离墙时，你便是在进步。希望和力量是相辅相成的：当你的希望商数上升时，你的力量也在增加。你将会创造奇迹。现在是时候进入下一章节《运用多种能力》。

---

① 坎特里尔量表是一种简易的可视化量表，从健康、生活、学习情况、社会关系质量等方面反映生活满意度情况。

运用多种能力
——勇敢的行为

大多数人只知道如何获胜，却不知如何正确使用胜利果实。

——波利比乌斯（Polybius）[1]

① 波利比乌斯，古罗马历史学家，代表作是带给他巨大史学荣誉的《通史》（*The Histories*），其中重点讲述了第二、三次布匿战争。

这一章的内容包括：

相信自己：你生而坚强

自信心

心理韧性

将你的力量可视化

关注你的能量点

当你不知道自己想要什么时，如何设置目标

大声和自豪

“我可以向你保证，如果你玩橄榄球的时间足够长的话，你一定会受伤。”橄榄球界传奇人物麦克·迪特卡（Mike Ditka）在一次赛前采访中如此说道。当时他和评论员正在讨论一则新闻：为了保护球员颈部、脊柱和头部免受损伤，委员会执行了更为严格的规定，但反而使得膝盖受伤率增加。他们的讨论使我想起了赫尔曼·雅各布（Herman Jacobs），他也是一名运动员，我的共同作者米歇尔通过出版界的朋友和他相识。赫尔曼的故事恰是人们生活的一个缩影，让我们看到，强加给自己的内疚和羞耻对一个人会造成多么强大的影响。这同时也是一个关于力量的故事，讲述了友谊、爱情、自我宽恕、同情和平淡的命运。

故事要追溯至 1985 年 10 月，赫尔曼在代表东田纳西州参加大学生橄榄球赛时受了伤，但他的伤情并不是你们所想象的那样。他当时毫发无伤地离开了球场，看上去仍旧是那个拿体育奖学金的大学生，加入美国橄榄球联盟的未来近在眼前，但他的心里已经留下了一道难以磨灭的伤疤。

“每个人都认为我是为了橄榄球联盟而生的，包括我自己在内。假如我能成功进入橄榄球联盟，第一件事就是要给妈妈买一个房子，要牧场风格的，有一个车棚、一个游泳池和一棵属于她的橘子树。为此我正在不断努力。”

直到城堡队的球员马尔科·布尼科迪（Marc Buoniconti）直冲向自己时，赫尔曼的这个梦想发生了改变。“迎面而来的不是一辆车，但是他冲向我的速度堪比汽车的马力。这种冲击使我和他双双腾空而起，摔落在九码线上。我起来了，他却没有。”

也许你们和我一样，并不了解20世纪80年代的大学橄榄球。那么请容我介绍一下，马尔科·布尼科迪是迈阿密海豚队中后卫尼克·布尼科迪（Nick Buoniconti）之子，他父亲曾进入橄榄球名人堂。马尔科追随着父亲，也成了一名中后卫，不过他的表现比其父亲还要优秀。

这是一次决定乾坤的撞击。当赫尔曼正转过头准备第一次下场时，他听到脑中有个声音在喊“跳”，然后他便照做了。此后的事情便是众所周知的了，连自助餐厅的服务员也跟赫尔曼说，他们在报纸上看到那次撞击照片，赫尔曼“在空中单手翻转，双脚直指向天空”。

“我不记得自己像这样飞起过，”赫尔曼说，“我只是站起来走到了赛场边，然后才回头看到赛场。”

在那里，赫尔曼目睹了每个球员最糟糕的噩梦。前方是带着他参与了四个赛季的东田纳西州队，在主教练旁边是一群城堡队的队员们，他们徘徊在马尔科僵硬的身体周围，直到医生让所有人清场才离去。医生和训练员随即安装脊柱板，而且不容许任何人靠近。他们表现出的紧迫感和周围喧嚣人群带来了一种可怕的预感，赫尔曼随后听到自己的一个训练师在嘀咕：“他可能瘫痪了。”他当时只有一个念头。就是这样，“我完了”。

马尔科·布尼科迪四肢瘫痪了，他再也不能移动自己的双手和双腿。几天后，马尔科仍旧处于昏迷状态，靠着呼吸机维生。赫尔曼回忆那时自己心中的黑暗想法：“实际上我希望那时候能把他撞死，这样我就可以自杀，让这一切变得公平。”

坐在机械轮椅上的马尔科，在接受家庭票房电视网（Home Box Office ， HBO）的真实体育节目采访时，告诉记者布莱恩·贡贝尔（Bryant Gumbel），当他撞向地面时，他的右臂甩了起来，他知道有地方出问题了。“我产生了一种虚无的奇怪感受。”他说。

赫尔曼承认“他说出了我的心声”。“自马尔科受伤的那一天起，我过了很久才有勇气讲述我的经历。我当时也有同样奇怪的虚无感。”

赫尔曼在大学打橄榄球，他在这项运动中寄托了自己的理想。他家在佛罗里达州坦帕市，生活并不宽裕，他想胜过其他十一个兄弟姐妹，带着家人脱贫致富、谋求更美好生活。但他的父亲却不能见到这个美好未来了。年仅五岁的赫尔曼目睹了父亲在一次争执中被姐姐的男友枪杀。而赫尔曼的孪生兄弟一直计划搬去和他同住，以摆脱自己身边的恶友，但在他计划离开的前一晚，因为一场毒品纠纷而遭人谋杀。

“这个学期，在马尔科受伤之后，我发现自己陷入了绝望，不想和任何人联系，心中只剩下一种疏离感以及压抑在体内的愤怒，我努力想要控制它，自己却又陷入了一种奇怪的、自我毁灭式的强迫行为中。”面对这些往事，赫尔曼摇着头说。

赫尔曼的教练和队友为他的消沉感到沮丧，他们试图反复向他灌输，“是马尔科攻击你的，当时是他向你跑过来的！”但赫尔曼并不关心道理或者事实。他完成了那个秋季的学习，但是对马尔科负伤的内疚感以及失去双胞胎兄弟这两件事给他带来双重打击，使他难以在学业上集中精力，甚至难以专注地去做任何事，他在大学的最后一个学期不得不选择辍学。没有任何依靠、没有学位、没有工作，赫尔曼在 1987 年秋季开始为田纳西州约翰逊城的大熊队打半职业赛。

这项工作并未持续很久，没有一件事能够长久。赫尔曼无法维持稳定的工作，也不能维持稳定的关系。他的生活变得像踩着流沙一般，他被抑郁、自厌、勉强压抑的愤怒和否认所吞噬。直到有一天，在那个球场上命运之日的二十年后，赫尔曼收到马尔科的邀请，前去出席城堡队的聚会。

“我第一眼看到的只有那个该死的轮椅，”赫尔曼说，那个轮椅由一根呼吸管道所控制，通过这种方式，马尔科可以自主地四处活动。“我无法直视马尔科的脸。我膝盖绷得紧紧的、仿佛随时准备着跳起来，我双手紧握成拳、指关节都变白了，我只是坐在那里，希望自己能够尽快回家。我想说自己真的很抱歉，然后直接离开。但马尔科打断了我的思绪。他突然问我说：‘你这辈子想要做些什么？’”

这个问题完全出乎赫尔曼的意料。“我预想中会听到诸如‘我这么多年一直在恨你’，或者‘你毁了我的人生’，或是‘如果上帝告诉我，我只能自由活动三十秒，我将用这段时间来狠狠地揍你。’”

与之相反，马尔科想谈谈事业，仿佛自己已经知道了赫尔曼没有工作的事。

赫尔曼有些不确定地回答道："我想，我可能想成为……一个厨师？"

"好的。"

赫尔曼当时不明白马尔科这句话是什么意思。他当时并不知道，只有马尔科看到了赫尔曼治愈之旅的开始。那时马尔科已经获得了心理学学士学位，他知道赫尔曼已经陷得太深了，甚至马尔科都无法让他释怀。

马尔科邀请赫尔曼到他在迈阿密的家中，并带他参观著名烹饪学校约翰逊和威尔士（Johnson & Wales）的北迈阿密分校。

他们和招生官员见了面，去了解赫尔曼应当如何进行求学申请。不过赫尔曼必须自己想要进行尝试才行，而自从大学辍学之后，他再也没做过类似的尝试。在几个月后，赫尔曼给马尔科致电，告诉他一则消息：他已经入学了，并获得了奖学金。只是还有一个小问题。

"我没有地方可住。"赫尔曼说。

"和我一起住吧。"马尔科回答。

于是赫尔曼搬到迈阿密开始在烹饪学校上课，而马尔科有了一个新的室友。他们对彼此的认识日渐深入，马尔科总是在意想不到的时刻提出尖锐的问题，并让赫尔曼（这个害羞和内向的人）考虑清楚再回答。后来，马尔科的全职护士心脏病发作，此后赫尔曼便接管了马尔科的日常护理。赫尔曼说："能在马尔科渴的时候给他递上一杯水，这让我感觉很好。马尔科好像知道，我需要感觉到自己正在'做一些事情'来照顾他。"

马尔科接受赫尔曼的帮助，其实是通过这种方式送给他一份大礼——让他得以施展自己照料、同情以及建立友谊的能力，而赫尔曼甚至不知道自己拥有这些能力。

赫尔曼不仅在约翰逊和威尔士学校表现出色，他还发现了自己对餐饮的激情，并将继续在餐饮业大展拳脚。赫尔曼的部分魅力正是源于他的直率，这一点在他回想自己 2011 年毕业式的那个幸运之日时尤为明显。

“你知道吗，我只要回想那时的事就会忍不住想哭。当时马尔科出席我的毕业式，我尝试告诉他，我对他感到多么亏欠，他是我能想到的最棒的兄弟和朋友，还有我是有多么爱他。我想让他知道他是我灵感的源泉——不论是现在还是将来，永远都是如此。只有他一个人用我没能看到的东西点醒了我。结果他告诉我：‘赫尔曼，你是我灵感的源泉。’”

将痛苦转化为力量

赫尔曼和马尔科的经历证明了痛苦可以转化为力量。在此之前，你一直在阅读概念，学习一些你以前可能没听说过的哲理，并考虑用不同的视角来观察痛苦的经历。感谢你能和我一同坚持走到这里。我决定在开头介绍赫尔曼和马尔科的故事，因为我无法想到有比这更好的例子，这两个人有不同的“弱势”，他们却运用自身的痛苦找到了属于自己的力量，他们获得了许多，也给予了许多！我希望你能像我一样，从这个故事中获得灵感。我希望你能有机会发现真正的自己：去拥抱自己的力量、才能和个性，并且学会相信没有什么是绝无希望的。所有的正念训练、接纳情绪、宽恕和希望的练习，以及关于自我同情的讨论，都是希望能为你提供的一副盔甲，让你感到强大和安全。但是，现在我们需要将重点从感受和希望转移到力量、智慧、责任感和自决的行动之上。运用（leverage）这个词源自“杠杆（lever）”，这是一种使物品更容易移动的装置。要知道我们想要采取哪些行动，其诀窍便是去发现一些能帮助我们更轻松获得力量的概念和想法，并开始有足够的信心将其转化为专业上或是个人的优势。

在故事的这个章节中，困惑、不安、天真的英雄完成艰苦的内省工作之后，她抛开过去、发现了自己的独特性，她从孤独的堡垒走出，并飞向高远的天空。此时音乐响起。

相信自己：你生而坚强

你之所以成为公爵，是因为你偶然的出身；我贝多芬之所以成为贝多芬，完全是因为我自己。公爵现在有的是，将来也有的是，而贝多芬只有我一个。

——路德维希·范·贝多芬（Ludwig van Beethoven）

如果你需要一些自我认可的话，珍妮弗·乔伊·马登的网站 Durablehuman.com 是一个很好的去处。珍妮弗在其中写到布加迪威龙（Bugatti Veyron），许多人认为该品牌是世界上能在街头合法行驶的跑车中最精良的一款。它起步时的速度可以和巨型喷气式飞机一较高下，全因后窗下的扰流板才不会飞离地面。我平时对机械并不感冒，也不会在车展上如痴如醉地望着那些打蜡和抛光的汽车，陶醉在那些拦在红丝绒绳后方的金属制车身反射出的光晕之中。但即便如此，我也会考虑入手一辆布加迪威龙。自 2005 年成立以来，布加迪威龙仅生产了几百辆车。其中马力最强的车型售价超过三百万美元。工厂的技术人员使用填充袋来携带 1,001 马力发动机的部件，仿佛这些零件是皇冠上的宝石。珍妮弗聪明地将威龙比作我们自己价值的参照，她用一个强硬的科学作者的方式解释道："威龙肯定看起来非同凡响，不过倘若你意识到自己的独一无二，就不会再这么想了。试想一下，已知的宇

宙中有大约 10^{80} 个原子。

“10^{80} = 100,000,000,000,000,000,000,000,000,000,000,000,000,000,000,000,000,000,000,000,000,000,000,000,000,000,000,000

“但假如你计算一下，在人类历史长河中，你的祖先都没有被杀死并且没有错失和其配偶的相遇相爱，你出生的可能性其实是 $10^{2,685,000}$ 分之 1①。”

感谢珍妮弗直接公布了答案，因为我实在没办法做这样的数学题，也不知道原子到底是干什么的。虽然这问题听起来和本书不相干，但很快珍妮弗就回归主题，向她的读者提出了这个问题：“你连这种概率都碰上了，你不觉得你应该像威龙的车主珍惜自己的车那样，好好照顾自己吗?”

以这样一种经验性的方式去考虑这些偶然因素的确让我很受启发：你并非偶然的产物。实际上，没有任何“事情”是偶然的。当我回顾过去，即使是最近的过去，我也必须承认，尽管有那么多偶然，我还是很幸运地能出现在这里。不管喜欢与否，我正如福特的知名宣传语所言，“基业长青”(built to last)，或者如同珍妮弗·乔伊·马登所设计的词所言——是一个耐久的人。

现在我该如何利用这样的持久力呢？我将如何利用它从“经久不败”到“欣欣向荣”呢？我并不想像赫尔曼年轻时那样，只用一只手抓着生命之树的分支，长时间在空中摇荡。我想像赫尔

---

① 若是想了解具体算法，可以查阅网站 http://econintersect.com/b2evolution/blog1.php/2013/11/18/infographic-of-the-day-what-are-the-odds-of-your-existence

曼在马尔科来到他身边之后那样，把自己深深地扎在地里，任由树根肆意生长、终至繁盛。我值得过上这样的生活，你也是如此。我们都值得这样生活，因为我们比威龙更加稀有，我们有权被（自己和他人）欣赏、赢得我们生来应有的声望和尊重。我们需要自己来定义自己，决定自己的出身，并利用那些绝非偶然的因素，将其作为杠杆，找到自己的真正价值，认可自身的天赋，并宣告我们的存在。直到有一天，我们终将会强势触底反弹，发出本属于自身的亮丽光晕。请认真考虑我的这段话，尽管它只有寥寥几句。因为在整个治疗过程中，你需要记住你是多么特殊，你不应局限于自己的痛苦中，而应该继续努力，直至成功。关键在于，假如你无法提升并拥有高度的自信，你便难以利用自身的力量。你是一个奇迹——一个经验的奇迹。现在是时候表现得名副其实了。

自信心

自信是心灵在追寻光荣伟大的过程中的一种感觉，充满了希望和对自身的信任。

——西塞罗[①]（Cicero）

我开始关注那些重要的、生死攸关的事情，比如说我想要什么、我的家庭迫切需要什么、如何保护我年幼的同母异父弟弟应对父亲的虐待、不再害怕被人评判。此后我开始能够将精力用于发展我的内部资源。我并没有将脑力浪费在遗憾中，想象自己过去若是做了不同的选择，生活会变得怎样，而是去想象自己在研究家人们值得拥有的东西，比如一栋房子。然后我停止想象，开始行动。我开始迈出第一步：开始了一项研究。随后我写了一封又一封信，最终得以采访当地“仁人家园”（Habitat for Humanity）[②] 的主任。看到自己的一个行动是如何产生更多的行动，让我惊异于自己的自尊和自信。我很幸运自己在高中生时就学会了这一点。我最终没有活成一个受害者的样子，我会成为他们中的胜利者，或至少为成为胜利者而努力着。我找到了自己的声音。

---

① 西塞罗，古罗马著名政治家、演说家、雄辩家、法学家和哲学家。

② 仁人家园是一个非牟利房屋事工组织，由 Millard Fuller 于 1976 年创立，致力消除世界上的贫乏居住环境及无家可归的情况。

“我们还在这里做什么?”当我们回到奶奶在弗朗西斯的家时，我这样问母亲。我从未和我母亲谈过我们的生活如今变得有多糟糕，但是在姑姑通风的家里住了几周之后，我明显感觉到在奶奶家的地下室生活对我们所有人来说都是非常不健康的。现在是时候对母亲说些什么了。当时，奶奶和巴特叔叔住在楼上，而妈妈、她的丈夫罗伯特、我的弟弟妹妹杰森和嘉莉、刘易斯叔叔、我的同母异父弟弟本杰明和我都挤在楼下地窖的小洞里生活。

在姑姑安妮家中，我的表亲们不必担心需要如何有衣服穿，他们从不缺衣服。他们不必担心自己会无家可归或是自己将要搬去何处；他们有一个温暖舒适的家，橱柜里塞满了食物，他们甚至还有假期。我们是哪里做错了吗？我想从姑姑那里学习。她在日托中心工作，这样一来当她的孩子从学校回家时，她也下班了。她用赚得的薪水支付了账单，她有时候也会遇到困难，不过她往往相信事情会成功，并继续前进。我对表亲们心怀怨恨，因为他们有这样安全的家、有这样的家庭生活。但我也意识到他们的范例可以是一次机遇，它给我希望，让我相信自己也可以拥有健康和甜蜜的生活。嫉妒别人的东西并无不可，看到有些人比别人拥有的更多，认为这样不公平也没什么不对。但是什么也不做，却是大错特错。你可以心怀不满，但是可以让这种怨恨化作前进的动力，采取方法向着目标一步步前进，这就是为什么我将住房情况当作解决其他问题的首选方式。于是我开始寻找机会，将我的目标变成现实。

仁人家园在我祖母家附近建了些住宅区。我告诉妈妈，我认为我们是合适的候选人，她显得有些怀疑，不过我当时有一种感觉，我不会被申请程序的繁文缛节所困。这是个很好的理由。

当晚，我想象着干净、明亮的墙壁，新的地毯和电器。我想象着未来的生活，不会再因为害怕人们看到屋里的情境而耻于打开前门，可以同杰森和嘉莉恢复到父母离婚前那般愉快的关系。我想象着正常生活会是怎样的体验。我用心来装饰自己的房间，感到轻松而愉悦。我越多去想象、装点这个明亮的新家，我就越相信这就将是我的新家。在我的白日梦中，我可以闻到全新地毯的香气，看到干净油毡上的光泽。我为自己不再需要从别人那里偷热水洗澡而感到自由和欣喜。我总算说服母亲去申请了，经过了一段时间难熬的等待后，我们通过了审批！

到了来年春天，我们得以入住仁人家园的住宅。厨房是崭新的亮白色，闪亮的电器上依旧贴着黄色的能源之星标签。每面墙壁都光滑而完美，上面没有一个钉孔。我没有等到大家离开，就迫不及待地开始搬进自己的东西，庆祝我们全新的开始。一位女士脸上挂着明媚的笑容，将钥匙递到了母亲手中！

从那时候起，我就知道，无论我想要什么，只要我相信自己，相信自己的能力和宇宙的慷慨，我可以获得一切。我想象中的家现在成为现实，我第一次获得了力量以及控制感。我了解了自己最深切的需要，采取自己力所能及的所有行动，并让自己和家人都保持开放的心态，去获取可行的帮助。

一方面你需要认清对自己而言重要的事，与此同时，要学会如何将自己的故事讲给自己和他人听。

——艾米·柯蒂

成为变革者不是件容易的事，尤其是当你觉得自己更加习惯失败的时候。当你在前进时，肯定会遭遇路障、挫折和需要改变路线的情况。不过挫折和“力量削弱者”有所不同：挫折意味着你是时候采取不同的策略；而“力量削弱者”企图破坏你的这场旅程。无论它是发自于内、还是来源于外，你都必须找出它们的所在。

力量削弱者

“力量削弱者”总是潜伏在暗中、难以觉察。以下是几个我亲身体验过的例子，希望通过我的前车之鉴，能帮你避免遭受它们的破坏。

对失败的恐惧：为什么我们总是跟孩子们说教，告诉他们学会某件事的唯一方法就是失败，但是当成年的我们遭遇失败时，却难以看清这些教训是如何帮助我们不断成长的呢？我讨厌自己变成一个伪君子，但又因为害怕失败而成为自己讨厌的人，用“如果你不成功……”这样的调调，在儿子懈怠时给他“打气”。我们从失败的经验实际上有很多收获——经验、观点以及在下一次如何成功的知识。这也印证了一点，不能杀死我们的真的会让我们变得更强大。[①] 当父亲给我买了人生第一辆自行车时，我想

① 出自尼采的名言：“但凡不能杀死你的，最终都会使你更强大。”

到的第一件事，不是如果我摔倒，擦破了膝盖怎么办，而是奔向自行车、迫不及待地想试试，这让父亲非常高兴。我当时只是完全没去考虑失败的可能性——即使我摔倒了，这也不会阻止我再次回到自行车上。

在某些时候，我们想要保住面子，而这恰恰让我们故步自封。不过现在是时候与失败为友了，若能做到这点，意味着我们正在提升韧性和毅力，增强自信和控制自身力量。严肃认真地学会跟自己说“算了”，等到事件真的发生再去处理失败，同时不要让一次失败阻止你追求目标的步伐。

玉不琢，不成器；人不学，不知义。

——孔子

心灵杯：所谓心灵杯，主要指的是你的感知以及你处理自身恐惧的方式。你如何看待自己，如何向别人讲述自己的故事，以及你对所经历的痛苦是接纳还是排斥，这也决定了你是否把它当作自己的故事。在《智慧 2.0：关于创造性和稳定性联系的古老秘密》中，索伦·高德哈默揭示了我们不可避免的消极思想和情绪，他建议我们不必去否认它们，而是和它们一起“为我们的经验创造格局”。我喜欢他提出这个创造格局的类比。我们试想一下：

如果你把几滴蓝色染料滴入一杯水中，将会发生什么？水会变蓝。但是，假如你是在海洋中滴入相同滴数

的蓝色染料，会发生什么？相当微小的变化。肉眼几乎不可见。我们放入的是相同剂量的染料，但差异就在于对象的空间或体积。海洋的体积非常大，因而对它造成的影响微乎其微。

在这个例子中，蓝色染料代表着我们以恐惧为基础的挑战：当我们的思想狭隘、又被恐惧感所操控时，我们的观念就被这种恐惧感深深地着色。情绪将我们消耗殆尽，高德哈默称之为心灵杯。心灵杯的格局很小，其精神能量会迅速而轻易地受到情绪的威胁。格局越小，我们就越受控制。与之相反，我们实际上可以拥有一个广阔的心灵，无论发生什么事，我们可以感受到自身情绪，而不是容许它来决定我们是谁，或是余下的每一天、每一周或者每一年应当怎么过。我们可以感受自身情感，与之相处，然后任其离开。这便是高德哈默所描述的大海般的心灵，心灵拥有足够的空间，让我们得以将自己置身于风暴的大背景中进行观察，从而同样程度的恐惧对我们几乎产生不了影响。我们生来就具有大海般的心灵。我们被赐予了产生无限想法的能力。但随着年龄的增长，我们外在的力量却愈发有限。这就是为什么孩子们总是相信自己会飞，并且不会害怕陌生人，他们的期望、能力及信念就像大海一般宽广。当我们感到自己正被倒入杯中时，我们需要记住，这样的自我限制是违背本性的。假如从杯子到海洋的转变实在太大的话，那么至少将目标定为“超大杯”，然后看看自己会有什么样的改变吧。

当你想拒绝时，却说可以：俗话说，“重复同样的事情却期待不同的结果，就是精神错乱。”在生活中，我们不断去取悦别人，正是这句话的最佳呈现。这是一种什么样的“力量削弱者”啊！看，我自己作为一名读者，看到不要把所有人放在第一位，不要只是为了被别人喜欢而承诺太多，而是要正视自己的需求，这样的建议对我而言是很新的观点。事实上，我知道这个规则是对的，却总是有意识地去打破它。我可以准确预测对方挂在嘴边、尚未提出的请求，我的大脑会活跃起来并开始抱怨，例如说：不要去答应参与曲奇销售会；如果你再因为节目而占用周末时间的话，山姆会想杀了你的；不要因为这种事就取消你几个月前预约好的足疗。然而，我却像一个自动机器般，走上前脱口而出：“当然可以！好的，完全可以这样。我很乐意。”真傻！

我常年被这个习惯所困扰，最终找到了说不的诀窍。既然我倾向于说可以，那我现在就试着用更积极的方式来表达否定。回顾过去，我意识到自己整个成长的旅程便是始于对自身羞耻的积极否定。我女儿上幼儿园后，在课上学习到家庭树的概念，回来问我有没有父亲。此时我意识到自己原来一直很羞愧，以至于不让女儿了解关于母亲的真相。若我将自身经历与孩子分享，可以成为他们的路标，而不是什么让他们感到可耻的东西。羞耻是具有传染性的，他们迟早会知道到我来自哪里、曾经忍受过什么样的童年。于是我接受了女儿对长辈的好奇心，第一次对内心的羞耻说“不”。

不是每一个积极否定都要像我的故事那般深入。它可以是拒绝吸烟、拥抱健康；拒绝上司的要求、投入积极的工作；拒绝饮酒、抽时间陪伴孙辈。再强调一次，这一切都在于你自己的感受。对于所有和我一样习惯于接受的人而言，只要你能清楚你自己正在对谁说以及该怎么说，那么只要你愿意，你想接受多少次都是可以的。

比较陷阱：另一个力量削弱者是将自己与他人进行比较。我们花了太多时间玩这个名为“此时此刻我多么不如别人”的游戏。在我们试图让自己脱摆脱这种心态时，我们还会想到还有比自己更瘦削的金发女郎、更聪明的行政人员、更好的广播员、更上心的母亲、更无私的灵魂、更受宠的妻子、更棒的运动员、更成功的人……请停止这种疯狂的想象吧！

我们必须避免这个陷阱。我们必须重塑自己。如果我们能停止关注别人是如何更强大、更敏捷、更聪明或是其他，我们就可以努力利用自己的力量。像一个马拉松选手试图去打破自己的纪录那样，唯一值得战胜并为之骄傲的对象就是你自己。只要去考虑一些自己可能和别人竞争或比较的方式，或是去设想一些打破固有模式的机会，你就会比以往完善一点，这就意味着你已重获对自身目标的控制。

同怀恨者及羞辱者为伍：这些人是出现在我们生活中的毒药。我们知道他们是谁，即使他们的存在削弱了我们的力量，但我们仍任由他们在我们身边。活到这个岁数，我终于清除了我生活中那些消极的人。你自己作为一个成年人，选择与谁一起度过的几段宝贵时间要有原则。毒药们的行为方式很好辨认，他们与你交谈的方式仿佛是吸血鬼一般：总是以一种被动而具有侵略性的方式，将预先的判断伪装成好奇心。请注意，我说“被动侵略”，是因为至少在我看来，那些直接表现出侵略性的人更加诚实，他们并不一定真的在判断。当然，也许这些直接表现出侵略性的人并没有放下自身情绪或具有足够的情商，或并不具备足够的教养以主动提供建设性意见，但是他们并不打算羞辱你。怀恨者和羞辱者会因为自己的不安全感而表现成法官和陪审团的样子(见上面的“比较陷阱”)，想要让你的感觉更糟。面对一个正在兴奋地炫耀她全新的订婚戒指的女性朋友，怀恨者会问：“你不觉得你陷得太深了吗?”面对一个已经长大、想要回去上班的女儿，挑剔的母亲可能会问：“你真的认为把孩子放在日托中心是个好主意吗？我的意思是说，其中可能会有一些猥亵儿童的人。”面对一个资质平庸的学生，刻薄的继父可能会问：“难道还有其他的大学更适合你的智力水平吗?”面对一位在运动场上给孩子加油的妈妈，羞辱者可能会说：“你家的小孩总是这样野蛮吗?”羞辱。羞辱。羞辱。他们提出的这些信息不是在向你提问，而是试图证明：“根据我的观察：你没有采取正确的方法；你不是一个好妈妈；你不够聪明；你的孩子存在问题。”

我们必须谨慎选择我们身边的人。我们需要远离羞辱者。我不再像以往那样，从这羞辱性的游戏中离开，在脑海中重放着之前的对话，想着自己不应该说什么……我终于设计出了完美的反驳方式。根据我自己的非正式、不科学的实验，以下的反驳方式可以终结95%的对话，并让我重新掌控话语权：

羞耻少女 A：“你的意思是，你的孩子没有明确的上床时间吗？你不觉得他们需要多一点……规划吗?”

我：“这样的安排挺好的。至少对我和我的家人来说奏效。”

每当感觉到有人试图羞辱你时，请放下心中的内疚感，大声、明确地告诉对方，这个耻辱游戏已经过时了。重要的是，要让生活中的羞辱者明白，你不再被他们的评头论足左右。他们还会持续一段时间，试探你的毅力，甚至会评论你所做所说的一些鸡毛蒜皮般的小事（“你不觉得上午十点订圣代早了点吗?”)。但是当他们意识到你并不需要、也不寻求他们的批准或认可时，他们会将目标转向别的受害者。重新掌握话语权，这是一个很棒的感觉！你会因此更享受你的圣代的！

冒名顶替者综合征：该综合征并未列入《精神障碍诊断与统计手册》(*Diagnostic and Statistical Manual of Mental Disorders*, *DSM*)①，但它困扰着许多人，并让我们完全丧失信心。实际上，艾米·柯蒂博士在她的作品《存在：让最有力的自己迎接挑战》中写道，在著名的 TED 演讲中，她含泪承认自己患有冒名顶替者综合征，这段并非事先安排。在我看来，正是她当时的真情流露使得包括我在内的观众纷纷爱上了她，我们都感受到柯蒂博士向我们展现出了自己脆弱的一面。站在这里的，是一位才华横溢、美丽动人、成绩卓越、有影响力的哈佛大学教授，她曾经相信自己在专业领域是一个赝品、一件次品、一名冒名顶替者。我们因此而感到“我们不应该在这里”。但倘若我们没有类似的感受，那又怎么会有几百万人去看柯蒂博士的 TED 演讲、点击率超过二千七百万次，将其变成了 TED 历史上被观看数排名第二

① 《精神障碍诊断与统计手册》是美国使用的精神疾病诊断指南。

的演讲呢?

当你站在一个精英化的锁着的门外，不知道该用何种方式敲门时，你该怎么做？继续敲门，直到他们让你进去。有人把这个解释成“在你成功前先假装自己能做到”，柯蒂博士将其进一步衍生：“在你变成这样之前先假装自己是这样的人。”这一切都在于你如何看待自己的力量。

如果你真的相信自己的内心，你就不会被你头脑里的声音所困扰，这些声音使你泄气、让你担心，或是批评你。

不要再去想这些问题，问自己“假如这样又会如何?”，给你自己一些慈爱和能量。

——巴普提斯·德·佩普

心理韧性

人负重的能力就像竹子一样：比乍看之下要有弹性得多。

——朱迪·皮考特（Jodi Picoult），

《姐姐的守护者》（*My Sister's Keeper*）

当我们准备好做出改变的时候，就会有好事降临。但是改变意味着进入未知状态，可能会犯严重的错误，甚至大部分时候都会失败。我们需要在妄自菲薄时鼓舞自己，在我们想要逃避时努力去接受，对每一次成功，不论大小，都能感到喜悦，而不是巴巴地等待一个可能永远不会到来的辉煌。这一切归根结底就是要建立心理韧性。我发现所谓变强指的并非是一种心态，更多的反倒是一个持之以恒的过程，在这一过程能创造出一种情绪状态，有助于提高我们的心理韧性。

美国心理学会对心理韧性的定义如下："心理韧性是能在逆境、创伤、悲剧、威胁或重大压力源面前适应良好的过程。"在《成为贵族：过上有品质的生活》（*The Pursuit of Nobility: Living a Life That Matters*）一书中，组织变革专家蒂姆·丹尼尔（Tim Daniel）解释说，健康的生物能与环境形成良好的交互作用。它会表现得灵活、对环境有响应并具有适应力。"当环境开始变化时，它会迅速产生新的适应措施和手段，来面对所有的威胁、抓住一切有助于生长的机会。”丹尼尔在书中写道：“在复杂的生命系统中，生物按照这些规则生活。长寿的物种已经具备了一些方法，为变化的未来做好准备。生命力代表了改变的能力；病理则象征着无法改变的一面。生病、垂死的生物慢慢失去了这种适应力。”

对于以上现象，我的理解是，缺乏心理韧性的生活无异于正在等死。我不想生病或是等死。你怎么想？我们或将如丹尼尔在以下节选中描述的那样，面对威胁、抓住自身成长的机会？这便是这一章节想要探讨的问题。

在一个颓废的森林中，长有太多枯死、腐烂的树木，几乎不再有空余之地给新的树木扎根。那些死去、倾倒的树木早已结束了它们的生命周期，如今它们阻断了阳光、使其无法照射到土地上、给万物带去滋养。而土地恰是一切自然奇迹的发源处。与此同时，活着的树木也已走到了生命周期的尽头，但尚未有足够的幼树去取代它们。甚至连为数不多的几棵小树也纷纷采取妥协的姿态，只能坚守着脚下的一点贫瘠土地。这个森林正在死亡。它没能欣欣向荣、蓬勃发展，而是在迅速衰败。是熵统治着这一切。

大自然用火来应对这场危机。火能清理地面，它迅速地分解那些腐烂的树木，将营养物质提供给下一代使用，并开辟出能沐浴着阳光的空间，为释放新的生命种子做好了准备。地面变得焦黑，但很快亮晶晶的绿芽就会遍布整个森林。五十年后，将有一个充满活力、富饶多产的生态系统重获新生，数不胜数的物种在此生存繁衍。这样，森林便克服了自己的熵，彻底脱离了倾颓的阶段。

我们天生就被赋予了心理韧性的基因，不过这是一部分需要加以锻炼和强化的肌肉，当然，和现实中的肌肉一样，有些人生来就比其他人更发达些。如果我们能捕捉到即使是一点想要恢复的欲望的星星之火，那么我们就能开始意识到，自己所深陷的恐惧并不如我们的心理韧性那么强大。在我们的 DNA 中铭刻着这几个字：永不放弃。

据罗伯特·安东尼博士的说法："我们出生时只带有两个恐惧：害怕坠落以及害怕噪音。其余的恐惧都是我们自己创造的。"既然是为我们自己所造，那么我们也可以将其摧毁，对恐惧而言尤其如此。

增强心理韧性能使我们更容易摆脱恐惧。由于它有助于保护我们免受情绪伤害和屈辱，故而可作为我们力量的杠杆。有一种思想流派认为，人们实际上是害怕自己增强心理韧性并向未来迈进后可能发生的好事。我们可能会害怕自己实际上会成功、变得快乐及健康。在我犹豫是否要制作自己的节目时，我差一点就放弃了。我丈夫问我为什么害怕，为什么不抓住这个机会？在我看来，我会担心惨败、担心让我想要帮助的那些人失望：那些人和我一样，身边某位亲友是恶魔般的犯罪者，或者是罪行的受害者。"如果我失败了该怎么办？如果节目很糟糕呢？如果大家认为我是个骗子怎么办？"我的想法彻底僵化了。我不想去做这件事了。

“梅丽莎，”山姆的声音很严厉，我知道他准备放出重话了。“说实话。你其实不怕失败。你害怕自己会成功。害怕这个节目会被选中并播放。然后呢？你真正害怕的是什么？”

他是对的。成功意味着变得脆弱，将自己置身于公众监督之下，需要负责帮助那些被深深伤害的人，并永远不能回到过去、变回和他们一样的人、过低调的生活。所有这些都会带来变化，而这恰恰是比失败更为戏剧化、更令人不安的东西。从变化中获益同时也有需要放弃的东西，我们的恐惧往往只专注于后者，它被称为消极偏见。相较于生活中五光十色的部分，我们的大脑会更容易害怕、回应并且记住危险。毕竟这是性命攸关的事，在我们还是狩猎－采集者的时候，我们需要学会辨认哪些植物是可以食用的、而哪些则会致命，这便是我们那时保留下来的生物性成分。

我们必须对自身的消极偏见有更多的了解。在许多场合下，这些进化的遗留物对于我们的生存不再那么重要。事实上，如果我们不小心地将它们处理掉，这些遗留物可能就会腐坏发臭。

为了保持心理韧性，我们需要更有意识地去对抗自然的冲动以及调节自身情绪。安东尼博士这样说过：“我们可以通过活在当下来克服恐惧和担心。暂时将未来放在脑后。如果你能这样按部就班生活，你将会免除许多后顾之忧。”

我们需要记下那些帮助我们恢复活力的积极经历。我听从了丈夫的建议，写下了在录制《家中的恶魔》过程中可能产生的良好变化。我很高兴自己做到了。

练习：寻找心理韧性的理由

当你划着皮划艇进入未知的水域时，毫无疑问，你会尝试调转船头回家。当遭遇这种情况时，你可以问自己以下几个问题，以此增强你的心理韧性：

1. 如果我失败了，意味着我将永远如此吗？

失败是短暂的。只因为你失去了银行的工作，并不会让你变成一个失败的银行家。孩子在日托中心咬伤了别的孩子？不要马上就觉得自己做不好称职的父母。竞选城镇议员失败并不意味着一半的市民和你过不去。问问你自己，失败的真正含义是什么。有人因此受伤吗？它会违背你的某个核心价值吗？相较于其他事物，它是否对你的自我产生了更多的威胁？我第一次坐在摄影机前时感觉自己像一个口吃的傻瓜，我最初的反应就是告诉自己：我是一个失败的职业女性，应该回到床上待着，余生为别人欢呼就好。但在这种羞耻感减轻之后，我意识到这个世界还在继续，而且奇怪的是，我的职业生涯也没有结束。其实这个问题归根结底是要问自己："如果我失败了，最糟糕的情况可能是什么？"如果你尚可接受这个答案，那么就拿起你的桨，划得更快些吧。

2. 失败后，我该怎么办？

准备备选方案并不意味着你的原计划一定会失败。对于许多人而言，若能为失败的最坏情况准备好应对策略，这能让他们安心很多。举个例子，我在娱乐业的一位朋友提出了一次小额诉讼，声称对方窃取了她的知识产权。她正冒着极大的风险，可能一不小心会被别人当作闹事者；而且由于无法负担高昂的律师费，她必须自己准备听证会的陈述。她告诉我："无论在工作中还是在经济上，我都无法承担失败的后果。但我知道，如果我面对这种欺凌无法挺身而出的话，我将无法容忍自己，我一直以来也是这么教导孩子们的。若我无法做到，我就将变成一个伪君子。相比那些陌生同行对我的想法，我在自己和孩子心中的名誉更加重要。"

但她确实需要一个备选方案。"我正在面临一个重大的风险，即法官可能不会帮我。我拥有一张房地产中介执照，我已经和一些人讨论过，之后可以重新让执照生效、在他们那里工作。我认为我有足够的资源依靠其他职业谋生。另外我的嫂子有个孩子，所以我也可以选择当孩子的保姆。"

这就像电影《飞机，火车和汽车》（*Planes*, *Trains*, *and Automobiles*）中那样。即使机场关闭，总会有另一种运输方式让你得以到达你需要去的地方。关键在于，即使你的第一个计划没有生效，你也要继续前进。

3. 你的决定是否对时间敏感?

在你犹豫不决时，请注意时间的流逝。如果回答"是"，请在日历上标记出具体日期，以便知道你还有多少时间。我们在反复的分析中，对自己不应该做某事的原因思考太多，最终使自己动弹不得。在商界，"趁早失败"一词使失败成为一件好事。所以请试想一下，一个重大的失败说不准会把你变成一个传说。那么停止浪费你宝贵的时间吧。机会之窗总会敞开，但它们也可以随时关闭。不要等到机会被别人抢走。接着你就可以真正停下来追悔莫及了。

将你的力量可视化

你越是努力工作，并能将结果呈现出来，你会愈发幸运。

——席尔（Seal）[①]

在我大学第一年行将结束时，我不再将讨论自己的家庭问题视作越界，但我感觉这对母亲而言有些难以接受。她仍旧认为我不该插手，尤其是在我公然和她谈论她在罗伯特手下所遭受的虐待时。听到我直言不讳的指责，罗伯特马上就溜走了。人们并不喜欢你展现力量，这对他们而言实在太糟糕了。

长大后，我看到母亲在外面那么努力工作，回到家里却只能被失业的丈夫当成垃圾那样对待，这种经历使得我渴望能够帮助那些有着相似经历的人，帮他们从类似的生活方式中逃离或者恢复。听人细数自己曾经忍受的身体和情感虐待已经很糟了，与之相比，更糟糕的是亲眼目睹他们少得可怜的自我价值。每遭受一次打击，他们自身价值的一部分也受到了重创。我知道，如果你生活在恐惧和胁迫之下，事情看上去会有多么无望，阅读一本书中的一个强调“寻找自身价值，发出你的声音”的章节太过于简

① 席尔，英国90年代后期最受欢迎的男歌手之一，他把灵魂乐、民谣、摇滚、舞曲等不同的风格融入自己的音乐中去，自成一派，他不仅在英国保持了强大的号召力，而且还逐步赢得了美国音乐界的认可。

单，可能只会让你感到沮丧甚至是侮辱。但如果你发现自己处于这种情况，我恳请你能去寻求帮助、前去咨询、寻找庇护所或者打电话给国家家庭暴力热线（800）7997233（SAFE）[①]。如果寻求帮助这个方式看上去有些让人气馁的话，你可以试着先将自己的力量进行可视化吗？如果你发现自己还没有准备好面对欺侮挺身而出，无论对方是某个人、某处还是某件事情，可视化便是给自己权力。可视化是一种自我交流的形式，已经被证实可以影响脑中的激素水平，并将一个人对自我的感知从弱者提升为战士。如果没有别的应对方法，你可以暂时逃到这个充满能量的地带，直到你觉得已然准备好公开自己的痛苦经验。

在前文中，我提到艾米·柯蒂博士和她的书《存在：让最有力的自己迎接挑战》。她在 TED 演讲中介绍了自己的研究，解释了非语言行为如何影响人们的看法，此后柯蒂博士成了一名网络红人。她提出了著名的“能量姿势”（power posing）的概念，所谓“能量姿势”，即一个人在外表上或是想象中所表现出的一种姿势，以此传递出力量和信心，而不是恐惧、不安全和虚弱。柯蒂博士鼓励人们进行一些细节上的改变，例如花两分钟时间改变他们的站姿或坐姿，这样做往往收获颇丰。她的 TED 演讲和书中展示了不同能量姿势者的照片，从把脚放在桌子上、斜靠在会议室桌面上，到关注度最高的神奇女侠的图片——双腿开立、双手叉腰、手肘下沉并往后收、头高高昂起。你仿佛可以看到她身上的披肩在随风飘动。我自己很喜欢这个姿势，尽管我没有真的

---

① 在中国，拨打 110 报警或拨打 12338 求助（妇女维权公益热线）。

去模仿这个动作，但我倾向于将其视觉化，尤其是当我涉足新的行业时候。比如说，在我进入电视圈时，我只是一个新手、却要和那些经验比我丰富成百上千倍的人一起工作。当你觉得人们比你知道得更多时，你很难不会经历冒名顶替者综合征，你只会想，我不应该在这里；我的无知很快就会出卖我！能量姿势将帮助你克服这些问题。为了了解人们会选择怎样的能量姿势去进行可视化，我发起了一项非正式的民意调查。一些人的回答超出了柯蒂博士对能量姿势的定义；他们引用了一些动作、音乐和对话，以此传达出的想法代表了相关的意见及态度。下文中列举了一些有趣的例子：

米歇尔（Michele）：《星球大战：原力觉醒》（*Star Wars：The Force Awakens*）中的蕾伊（Rey）。当她第一次举起光剑对抗凯洛·伦（Kylo Ren）时，尽管此前自己从未控制过它，但她仍表现得好像对它的力量无比熟悉。

塞布丽娜（Sabrina）：电影《周六夜狂热》（*Saturday Night Fever*）中的特拉沃尔塔[①]（Travolta）。

劳勃（Rob）：白瑞德（Rhett Butler）离开郝思嘉（Scarlett）[②]的时候："坦白说，亲爱的，我其实一点也不在乎。"

诺拉（Nora）：《饥饿游戏》（*The Hunger Games*）中的凯特尼斯[③]（Katniss）。

---

① 约翰·特拉沃尔塔（John Travolta），美国演员、制片人。在该片中饰演了一名热爱跳舞的青年，并通过舞蹈改变了自己的命运。

② 二者均为《乱世佳人》（又译作《飘》）中的人物。

③ 该故事的主角，是一名坚强的少女。

巴里（Barry）：阿克斯玫瑰[①]（Alex Rose）用麦克风颤抖着唱《我甜美的爱人》（*Sweet Child of Mine*）。

斯科特（Scott）：穆罕默德·阿里（Muhammad Ali）在一场淘汰赛中取得胜利后高举起双手。

鲍比（Bobby）：像海斯曼杯小人的姿势[②]一样。

迈克（Mike）：绝对是贝比·鲁斯（Babe Ruth）[③] 竖起手指打出本垒打的时候。

史蒂芬妮（Stephanie）：我喜欢像艾莉·伍兹[④]（Elle Woods）一样"无鼓伴奏（bend and snap)"。

---

① 阿克斯玫瑰，美国创作型歌手、音乐制片人、音乐家，美国硬摇滚乐队枪炮与玫瑰（Guns N' Roses）的主唱。

② 海斯曼纪念奖，是一项授予美国大学美式橄榄球运动员的奖项，同时也被认为是大学橄榄球运动员能获得的最高荣誉。奖杯即海斯曼杯，形状是一名橄榄球运动员抱球移动的造型。

③ 乔治·赫曼·贝比·鲁斯，是美国职棒史上 20 世纪 20、30 年代的洋基强打者，带领洋基取得多次世界大赛冠军。

④ 艾莉·伍兹，美国电影《律政俏佳人》（*Legally Blonde*）的女主角，"无鼓伴奏"是电影中的一个精彩桥段。

关注你的能量点

当整个世界沉默时，即使微小的声音也很有力量。

——马拉拉·优素福[①]（Malala Yousafzai）

能量并不一定非得来源于身披斗篷的远征军、游行或入侵这样的宏伟计划中。能量的工作方式并非是“全或无”，也不是“非此即彼”：你不是非得站在会议室桌子的一端或是坐在角落做笔记。即便是平静的一天，其每一分每一秒都能让你获得能量。为至千里，需行跬步。微小的能量也能一点点累加至一个关键性因子。我从未和任何政治家一起喝茶聊过天，但是我敢打赌，假如你问他们的能量来自于哪里，他们将会讲述自己的经历，里面尽是一些算不上重大的胜利和不太重要的时刻，但这些故事加起来，便形成了一种整体感，让你感到极具竞争力且富有能量，直到他们如同艾米·柯蒂博士所说的那样——“弄假成真”。

事实上，你每天创造的能量点要比偶尔的人品爆发要多得多，因为每天生产能量点能助你养成好的习惯，不久之后，一旦

① 马拉拉·优素福·扎伊，女权主义者，以争取妇女接受教育的权利而闻名。2011年，她被巴基斯坦政府授予“国家青年和平奖”，并成为这一奖项的首位得主。2014年，她因“为受剥削的儿童及年轻人、为所有孩子的受教育的权利抗争”，与凯拉什·萨蒂亚尔希（Kailash Satyarthi）共同获得2014年诺贝尔和平奖，为该奖项最年轻的得主。

没有能量点，你就会感觉这一天过得很空虚。这种感觉能帮助你以一天为单位保持这种状态，直到这种习惯带来积极的行为改变或者健康的观点转变。我们应该都听说过“大脑弹性”这个词，该词被用于描述大脑随着时间的推移，通过各种方式对自己进行改变、终止和重新建立连接的能力。这些方式包括积极思考、能量姿势、感激练习、正念及运动。假如每几个月能有一些好事发生，这并不会增加改变大脑所需的精神力量，而是给我们带来无数的能量点，它们仿佛万千光点、繁星般地闪烁着，将我们的生活照亮。

关于能量点的想法其实是源于我给一个年轻朋友打气时获得的启发。还有几个月，伊丽莎（Eliza）就将迎来她的三十岁生日，可是你知道吗，她的这十年会以一次巨大的风暴作为结束。在放假前，伊丽莎被迫离开了日托中心，她十八岁起就一直在此工作。她一直很热爱照料别人，尤其那些年幼的孩子们。事实上，包括她父母在内，很多人对于她“在生活中无所作为”感到失望。伊丽莎却不这么认为：“我不在乎钱、也不在乎自己的工作是否能赚到钱。我爱孩子们，从婴儿到幼儿园前的小孩我都能带。这就是我降生于世的理由，照顾孩子是我最能感受到自己存在和充满成就感的方式。”

她的稳定生活在一名新生来到日托中心后遭到了破坏。小约书亚（Joshua）学步较晚，有一天他终于学会站起来的时候，伊丽莎迫不及待地将情况告诉了孩子母亲。这是一个星期五，伊丽莎激动地向对方展示了她拍摄的学步视频。妈妈很高兴自己可以在接下来的周末甚至更多的时间和约书亚待在一起，欣赏他走路的样子。

但是到了星期一，伊丽莎并没有得到任何关于约书亚新技能的反馈，她反而被叫去了领导的办公室，领导告诉她，约书亚的妈妈在孩子的腿上发现了瘀青，因而向她索赔。

“他们交给我一封信，说我因为‘忽视和虐待’正在被国家调查。我感觉有点头晕，听到耳朵里有一个奇怪的响声，脸上也热了起来。”此后发生的事她记不清了，只记得主任不断地道歉，并告知伊丽莎，如果调查结果对她不利的话，那么根据相关条例，她必须停薪留职，正式退出日托中心。

“我想问他‘为什么可能会对我不利?’”伊丽莎说，“我彻夜难眠，想到我的同事和孩子们，这些年来我照顾他们、看着他们一天天长大；又会时不时想到被迫放弃工作之后可能受到的社会舆论威胁。被人冠以淫秽和子虚乌有的罪名，我当时的感觉实在是糟透了。”

伊丽莎依旧充满自信、继续工作，值得感谢的是，她的同事和孩子们的父母通过脸书组织了一个后援团，给她的领导写了数封支持信。靠着大家对她的信任，伊丽莎得以在每天醒来时克服对未知的恐惧，起身去工作。

直到有一天，情况急转直下。她的上司收到了数封来自政府的信件，据说有“证据”证明她伤害了约书亚。至于这个证据是什么，伊丽莎和她的上司都不知道，因为信中并未透露。和之前约定的那样，伊丽莎离开了日托中心，这个她陪伴了许多男孩女孩们成长的地方。

一个月后，伊丽莎依然处于待业状态，她没钱还信用卡，她对未知的恐惧已经让她不再抱有任何希望，不再相信有一天“真相大白，洗清嫌疑”。日托中心不再给她回电，她写给政府的信件也石沉大海。“他们为什么都把我当成犯人一般对待呢?”

在电话里，伊丽莎听上去无比绝望。我从她的声音中只能听到无能为力，她会如此也实在是情有可原。我们生命真正能拥有的也就是健康和名誉了。当我们失去其中之一时，这感觉就好像我们珍贵的个人领地遭到了侵犯。伊丽莎的名誉被人窃取了，她需要尽快将其找回，否则我担心会有更糟的事情发生。我告诉伊丽莎，她将自己的力量耗散在了日托中心、政府以及这个她几乎不怎么认识的母亲身上。我建议她试着做一些小事，帮助她恢复力量。她的情况不会在一天、一周甚至一个月内被彻底改变。这件事情有太多人参与其中，她无法控制所有停滞不前的法定诉讼程序中的任何一环。我问伊丽莎："你今天能否做一些小事，帮助你记住自己拥有控制权，明白自己有能力传递出力量？就像能量点那样。"

我们开始了一些有趣的头脑风暴；这绝对是我们谈话过程中最轻松的时刻。这里罗列了一些我们当时想到的可以在一天和一周内实行的计划。

- 通过社交网络寻找兼职。现在她需要通过以前做过的工作来挣钱。无论结果如何，积极主动的行为可以让伊丽莎感到自己正在帮自己，而不是空等别人来帮忙。
- 尽可能多地做调查，了解她作为被告的权利以及日托中心的权利。知识就是力量，通过图书馆或互联网进行查阅，或是与某些专家进行交谈，可以确保伊丽莎能够理解政府的正式信件中使用的表达方式，并能在需要她作答时给出合适的答复。
- 对公寓进行一次清理。还有什么有价值、但目前不需要或用不到的东西，可以放在网上卖出，然后用这笔钱去申请她最近一次信用卡对账单。她需要时刻了解自己的债务情况，同时有一些东西可以用来换钱而无须做出太多割舍。

- 利用现今富余的时间来做一些以往无暇参与的健康活动，例如跑步，去教堂祈祷，将一张卡片（通过老式的方法）邮寄给朋友或亲人，只是为了和他们说“我爱你”。
- 向她的亲朋好友寻求经济上、情感上和精神上的帮助。目前这种情况，可不能任由自负阻碍自己求助，让自己的生活因为债务和欠租而变得麻烦缠身。有朝一日，她定会连本带息地付出代价。

这些小小的能量点能否拯救伊丽莎的事业和名声？其实并不重要。但她认为它们至少在某些方面起到了至关重要的作用：它们帮她明白了其实每一天都是一个新的开始，激励她做出行动、予以回应和保持前进的动力，并证明她是个有能力的人。没有人会在被风暴“眷顾”时感觉好受，我们能控制好自己可以控制的部分，并将其转化为自身优势。这些能量点将帮助伊丽莎日复一日地漂浮在水面上，给自己被戳破的救生筏贴上补丁。伊丽莎得以正式守护自己的那一天终会来临，她到时候会做好准备，感到自己充满力量，在自己力量的微风中扬帆起航。

我想这就是我希望伊丽莎能通过自身能量点所做的事：日复一日地亲近生活，而不是逃离它。反过来说，她可以保留一些个人的力量，并用栅栏将自己的世界和那些看上去试图侵犯她的系统隔离开。

如今，随着能量点的积累，伊丽莎已经变得越来越乐观，并愿意承担风险。这意味着她能自主地睁开双眼去寻找并追寻新的机会，将自己的未来变得更好。

你有什么因为感到羞耻而试图隐瞒的东西吗？关于你自己、你的过去、你的内疚、你的婚姻、你的疾病、你想要了解的所谓的罪行等，这些都分别是什么？你有没有很长时间隐藏自己的某一部分，以至于你害怕回答这个问题，或是过度丧失对自我的感受从而不知道该从何说起？被一个被判无期徒刑的男人养大一直是我羞耻感的核心问题，当我意识到这实际上是属于我的礼物后，我开始充分运用自己的这份礼物。正是它塑造了部分的我。不是连环杀手的父亲那部分，而是我选择应对黑暗的方式，这才是我真正成为我的证据所在。

如果鞋子合脚，就穿上它吧！

当我想到伊丽莎时，我感到义愤填膺。我讨厌那些恶劣的事发生在好人身上，更为重要的是，我为伊丽莎的羞愧表示同情。不幸的是，这种羞愧导致她对自己没有做的事情产生了羞愧感，从而使她滑入了黑暗之中。在很长一段时间里，我也处于那样的黑暗中，因为一些与自己无关的事情感到羞耻。我希望伊丽莎的能量点能帮她重新编织属于她自己的故事。让我们回到第三章《开启心智》。在这一章中我们主要讨论了一点：我们的生活就像是一个故事，而我们则是这个故事里的英雄。当危机发生，我们的核心价值观受到挑战时，我们身上的一部分会被击碎、消失无踪，在我们对此感到无能为力时，这种境况就好像是你中途放弃、将笔递给一个比你准备得还不充分的人，告诉对方说："你来把这个故事写完吧。"它是力量的反义词，也是自信的对立面。伊丽莎知道她自己是谁，她正在利用自己所能利用的一切资源尽可能地重获主动权，再一次编织自己的故事。

解除危机最好的办法就是接受它。当我决定公开父亲身份的时候，我的动机之一便是想要将我的故事控制在自己手中，而不是任由他人摆布。我将自己的经历和他人分享，通过这种方式，我得以防止我的过去被误传成谣言——被过度夸大或失真。我会成为导演，并用自己的方式讲述自己的故事。“如果鞋子合脚，就穿上它。”这句格言用在这里再合适不过了。我穿着磨损的旧靴子，并穿着它走来走去而不会顾影自怜。笑脸杀人魔？嗯，那是我爸爸。这对你来说意味着什么呢？

利用自己的优势还是可能会失去它们，但是这将让这个世界包括你自己了解你实际上是怎样的人。这就是为什么，你的故事无论是童话故事还是希腊悲剧，都必须由你自己亲口讲述。你不想成为那个决定事件走向以及结局的人吗？你若是想的话，这便是重获自信和自我意识的开始。

最有可能的情况其实是，你在隐藏某东西的同时也将自己的礼物锁在了一起。因此，将那些看不见的部分释放出来自然可以给你带来极大的益处，让你发现对自己有益的事物。若没有前期在泥里的摸索，就难以挖出真金。在我们的成长中，太多人缺少一个良师益友来指出我们擅长什么，或是注意到我们的兴趣所在，给我们更多的机会来体验它。随着年龄的增长，我闭目塞听、不再了解自己。我知道我喜欢美的东西，但是我并不认为这让我和其他女孩或那些爱漂亮、做头发、尝试各种妆容的女人有所不同。在我成为专业化妆师之后，我从未认为自己的职业是一份礼物或是某种力量。相反，是我的书《打破沉默》所得到的反馈使我触动不已。为我提供动力的，是那些来自陌生人的电子邮件，他们告诉我，我的作品引发了他们的共鸣、我很勇敢，让我考虑“走出去”以帮助到更多的人。

我的朋友蒂娜也需要积极的反馈，这些反馈终于让她意识到，她的人生意义并不仅仅是做卧病在床的婆婆的照料者。她在十几岁的时候就结婚，之后的大部分日子都是作为全职太太守在家里。孩子大学毕业后，她自愿照顾病入膏肓的婆婆，这样的工作不是一个软弱的人能够做到的。蒂娜负责给婆婆洗澡、喂食，带她去看医生，帮她按时服药，并在病情恶化后帮她监测健康状况。

“蒂娜，”婆婆双眼充满感激之情，直视着她，“我已经快死了，不过你让我感觉很开心。你比其他任何护士或医生照顾得都要好。你应该去读医学院。”

蒂娜笑了。她只有一张高中文凭，虽然她了解并读过婆婆所患心脏病相关的大部分研究，但医学院仍旧是一个荒唐的想法。

“我当时真的认为我给她吃了太多药物。”蒂娜笑着回忆道。

婆婆去世后，蒂娜的日子再次变得平凡无奇，她开始寻找医疗保健的工作，之后考入了社区大学并攻读副学士学位。当孩子大学毕业回到家后，家里再次热闹了起来，蒂娜在帮助孩子们投简历和自己求职两者之间犹豫不决。不过全家人都要求蒂娜专注于自己的事，很快她就成了得克萨斯大学的医学预科生。

如今我的朋友蒂娜在四十三岁这年成了一名经过认证的内科

医生！

不论是他人注意到你的天赋还是你自己发现自己的才能，总有办法找到实践才能的环境，并将它们化作自己力量的一部分。比如说，爱好就只能是一个爱好吗？无论你是喜欢装潢、写诗、阅读还是说笑话，你能否通过自己的能力来谋生或是将自己的能力传授给他人，帮他们借此更好地利用自己的力量呢？谁说你不能经营一个以装饰为主题的博客，通过它来赚取广告费，或是利用自己的才华设计一些写有押韵诗句的贺卡？为什么你不能指导别人、教他们如何阅读？或试着写一本喜剧剧本？你的爱好可以在你和他人身上转变成别的形式。

你有没有注意过自己什么时候会被人赞美？有时我们对于自己反倒不如别人看得那么清楚。蒂娜一直没有注意到照料别人实际上是一种能力，直到婆婆多次提醒她这是她的天赋。如果不止一个人在不同场合给你同样的赞美，那么你是不是应该把它当作一个提示？

当你不知道自己想要什么时，如何设置目标

有时在生活中，你不知该如何做出改变。但是，一旦你愿意去做，并了解确实有必要做，那么便会开辟新的可能性。

——玛丽安·威廉姆森[①]（Marianne Williamson）

卡戎（Charon）并不清楚自己想要什么，但她知道自己再也忍不下去了。

“人们会说自己在照镜子的时候认不出自己，我以前一直以为这是过分夸张了。我的意思是，这怎么可能呢？但我不骗你，这确实发生在我的身上。我并未想到自己会被不明原因的反射给吓倒。这没有任何预兆，也没有什么特别的诱因、催化剂或特殊场合。在这个平常的日子里，我待在婆婆家。我已在此生活多年，作为单身母亲把三个孩子拉扯大。当时大概是11月左右，因为假期将近，我开始感到焦虑。我该如何让孩子们愉快地度过这个圣诞节？我没有工作、没有高中文凭、没有驾照或信用记录。孩子们的父亲已经离开我们很久了，和他的父母也形同陌路，现在可能在哪个监狱服刑或是在哪里嗑着药。”

“大多数时候，我脑中总是上演着‘如果这样做会怎样’以

---

① 玛丽安·威廉姆森，美国作家，著有《发现真爱》（*A Return to Love*）一书。

及‘我将会如何’的焦虑对话，但今天一切都有所不同。这些对话不仅仅是无意识的漫谈及担忧，它造成了实际性的影响。让我们来想象这样一个场景：我习惯在早上洗澡并换上新的睡衣，像某种仪式一般（实际上我并不需要真的换上，因为大体来说，我是一个未被诊断的广场恐惧症患者）。但是在浴室的镜子里，她出现在我面前，我只能盯着她看。好吧，她只是幻象而已。一个笨蛋。一个三十四岁的女人，看着却好像有五十岁。就像在电影里那样，此时响起背景乐。我稍稍靠近生锈的药柜，心想也许用些药可以帮我消除丑陋之物——那些宽松的眼袋和多余的腹部脂肪。但是随着我离镜子越来越近、鼻尖都快要碰上去了，我只能更清楚地看到某个陌生人放大的瞳孔中所流露出的死气沉沉。我盯着那双眼睛，靠得更近了一些，绝望地认为这样做可以看清深处的灵魂，提醒我真正的卡戎还继续存在于这个身体内的某个地方。只是徒劳罢了。我能想到的最贴切的形容，就像是在我曾经的皮肤外覆上了厚厚一层虫漆[①]。”

经历了酗酒父亲的虐待及忽视、丈夫的自恋和犯罪行为，以及长期认为自己没有价值后，卡戎已经不复存在。

“这是我第一次承认卡戎已经不再在这里，并接受这个艰难的现实。她留下了自己的身体、让受害者在此筑巢。”卡戎继续说道，“据说灵魂存在于我们每一个人体内，但此时我的灵魂已经不知所踪，或者我已经杀了她。我不知道是她离开了我的身体还是我抛弃了她。这并不重要。所以我做出了最自然的反应。我为她进行哀悼。”

---

① 虫漆是用于制造家具涂料的天然树脂漆的一种。

我认为卡戎的眼泪是为了她失去的自我而流。当你的痛苦使你感觉自己很渺小时，当你把自己的存在缩小到一个杯子的大小并任由蓝色的颜料倾倒而入时，就可能会发生这样的情况。但是当在镜子里看到自己的那一刻，卡戎承认了她所遭遇的风暴，并注视着对方。这看起来仿佛是一个低谷，但却是她从痛苦中走出的第一步，因为只有在她承认事实之后，她才能开始活动那些和心理韧性相关的“肌肉”。

卡戎说：“在除夕之夜，我在孩子们、公公和婆婆面前，更重要的是，在我自己面前宣布了六个决定：在 2015 年结束之前，我会（1）努力减肥，把我暴涨的血压降下来；（2）拿到高中文凭，不是同等学力证书，而是真正的文凭；（3）考出驾照；（4）找到一份工作；（5）提高我的信用记录；（6）开始上大学。”

“我知道这样的决定对于一个没有自信、也没有资源的人而言相当大胆，但我只有通过这些事才能找回真正的卡戎，找回离开已久或是被我抛弃的灵魂。我不再害怕将自己置身于这样的境地，因为我更加害怕会让孩子们看到这样一个受害者和无能为力的形象，我怕这会把他们毁了。那长期困扰我的幽灵需要被驱逐，而我终于明白，我是唯一一个有能力将它驱逐的人。”

保持原状比谋求改变更加痛苦。

——克里斯·古里博（Chris Guillebeau），

《超越框住的人生：如何在常规的世界过不平凡的生活》

（*The Art of Non-Conformity*：*Set Your Own Rules*，

Live the Life You Want，*and Change the World*）

当卡戎同我分享她的心路历程时，我想起了汤姆·拉特里奇和我说过的那些关于恐惧的内容。卡戎已经意识到自己的情况，也意识到是她造成了这样的情况。拉特里奇说："我们人类生来并不热衷于觉察那些可能会使我们感到不舒服的想法或情绪。"但是正是凭着这种觉察力，我们才能开始摆脱恐惧。

卡戎花了很长一段时间才意识到这一点，不过她已经不再任由遭遇的风暴来定义自己，也不再扮演受害者的角色。她开始把握属于自己的故事，并努力了解自己变成了怎样的人以及自己将往何处去。她意识到自己并不是风暴本身，这个改变帮她制定了一些新的底线，重新理解自己的需要，包括他人如何对待自己以及自己如何对待自己。当她采取了这些步骤后，卡戎变得充满力量。她向家人宣布的六个声明成了她要全力以赴的挑战。她采取一种积极的希望训练，帮助她改变看待自己以及所处环境的方式。渐渐地，她觉得自己摆脱了无望感，充满了力量。

"除了瘦下来，接受更多的教育，变得更加独立，并找到了工作之外，我收获的最大改变在于，我现在选择将自己的快乐排在其他人之前，自己的快乐才是第一位的。"

正如汤姆·拉特里奇所说的那样，卡戎正偶尔品尝"积极自私"的滋味，只在满足自己的需求之后再去照顾其他人。

"后来发生的事情实在是太不可思议了，我本来设想过要是我在照顾孩子、朋友或家人之前照顾自己可能会发生什么样的情况，结果和我设想的恰恰相反——因为我的快乐，孩子们也变得更快乐了。"她告诉我说，"现在我明白了，我十五岁的女儿努力避免拿到不好的成绩并且和刻薄的同班同学对抗，这都是因为从自己母亲身上学到了永不放弃的精神。只要你能吓退那个镜子里的受害者，何时改变都不算晚。”

“我浪费了二十年的生命用于扮演受害者的角色以及自我贬低。我从这个事实中所收获的，正是我希望传给孩子们的最重要的教训。这些年来我所经历的‘低人一等’并不是丈夫的错，也不是我父亲的错。当你任由事情在你身上发生时，那它就不再是另一个人的错。我之前所找的一切理由都是借口。我有轻微抑郁症，不良的成长经历，没有家庭支持，三个孩子，没受过教育。可怜，可怜的卡戎。不是这样的！可怜的卡戎利用正念来治疗抑郁症，在婆婆那里得到了足够的支持，帮孩子争取到了社会资源，并且为了拿到文凭以及大学学费在寻求资助。我曾给自己挖了一个深沟并深陷其中，如今我又将自己挖了出来。但我对每一个我所犯下的错误和失败负有全部责任，这一切都是我的错。如果我不能承认这一点，我将无法把至今所创造的生活归功于自己，也无法决定未来的走向。没有人能将这种荣耀从我身上夺走，我自己更不可以这样做。”

卡戎说她明年将第一次乘坐飞机去拜访一位新朋友，并计划享受生活。她不会再限制自己。她证明了即使是经过了二十年，一个人也有能力触底反弹，变得富有韧性。何时改变都不算太迟。

“最为讽刺的是，如今我已经找回了一些属于自己的力量，丈夫突然希望我们都回到他身边。因果报应正在折磨着他。假如说这发生在去年，我可能会穿着破破烂烂的睡衣打开门，请他回来继续像对待一块擦鞋垫那样对待我。如今我足够坚强并足够信任我自己，我现在能够说：‘这不可能……我们永远不会回到你身边。叮咚！你记忆中的那个老女人已经死了。'”

我所回答过最难的问题之一是：“你想要什么?”我的意思是说，在某种抽象的层面上，我知道自己想要什么：我想要快乐，我想要孩子们健健康康，我想在这个世界上留下痕迹。但是当你问我具体想要什么，我只能说“当我看到它的时候，我会知道自己想不想要”。因此，我的哲学倾向是“我不知道自己想要什么，但我可以告诉你我不想要什么”。有趣之处在于，知道自己不想要什么通常会引导我弄清楚自己想要什么。这读起来可能有点拗口，但它确实对我适用。

知道自己的天赋是什么或是重新发现它们是一回事，但是如何使用这些天赋则是一种更高级的决定。既然你已经从痛苦体验中得到解脱，那么接下来你想要实现什么呢？你想去哪里？你获得了怎样的改变？你不想要什么？你不想变成怎样或是不想去哪里？你的哪些部分并未改变？

你还记得消极偏见吗？我认为，因为我们倾向于记住生活中的灰暗部分，那么自然而然会形成这样的思考方式。克里斯·古里博的作品《超越框住的人生：如何在常规的世界过不平凡的生活》使我看到了“不做”的必要性。他建议我们应该试着写一份他称之为“停办”的事物清单，而不是只盯着眼前的待办事项清单。当你不再关注那些压榨精力、不符合你的个人价值，或只是让你感到不快乐的事情，你便能释放更多的精神和灵性空间，为自己的生活存放更多充实而有建设性的东西。

我认识一个名叫巴里（Barry）的人，他致力于了解如何利用自己的力量去做自己想做的事。这并不总是一条一往无前的道路。巴里是一名有二十五年教龄的高中老师，他已经厌倦那些折磨人的日常，他需要管理那些青少年，处理越来越多的官僚化和政治化的无聊文件，这些琐事让他无暇和学生交流接触、发挥自己的能力，再加上总是年复一年教授着同一门课程，在激励孩子学习方面没有任何的话语权。让人绝望的是，他不得不为从早到晚无休止的文书和分级工作加班，疲惫不堪地回到家中。他发现自己面对十几岁的儿子时毫无耐心，总是为了家庭作业的事斗智斗勇。作为一名老师，巴里除了自己的小孩外，没有其他人可教了，他知道自己可以做得更好，因此也感到羞愧，但坦白说他还是太累了，没有多余的精力去处理家里的事。

在这种生活中，唯一的好事是税收季节。巴里为税收季节的到来兴奋不已，这倒不是因为他喜欢缴纳税款，而是因为他喜欢帮助人们处理财务问题。他的第二份工作是会计，这教会了他如何把玩数字，锻炼其未被充分利用的左脑。学习税法、了解不同的法典如何适用于不同的情况，让他认识到了一个全新的、令人振奋的世界。

然而，事实证明，巴里工作的税务公司并不适合他。他需要还房贷、要养孩子，他的事业已经变成一种折磨，而第二份工作投入多产出少，巴里感觉自己要被耗竭了。

当我问巴里他想做些什么来掌控自己的生活时，他表现得有点麻木。“我不知道。”他已经陷得太深，不知道该如何游出水面。

“那你不想做什么？”我问他。

“这是什么意思？”他问。

我将《超越框住的人生：如何在常规的世界过不平凡的生活》这本书告诉巴里，这本书的内容基础是克里斯·古里博命名为“世界统治指南”的一篇宣言。在这本书中，古里博建议我们完成一个关于停办事项的练习：“说出你讨厌的三件事情，比如让你感到被奴役、吸收你的精力的事情，任何事情都可以……”

“文书工作。”巴里毫不犹豫地回答。“我厌倦了文书工作。我为了文书工作焦头烂额，我跟不上节奏。”巴里同时教授六个班级，这是很大的工作量。他每周需要阅读一百五十份试卷，进行批改并打分。

我继续问他在“停办”列表中的下一项。“我害怕今晚还得去税务公司工作。”

现在巴里已经进入状态了，他继续说道：“今天我最不想做的一件事就是草坪维护。这让我觉得好不容易有一个小时留给自己，却不得不用来打扫树叶、除雪、播种或割草。”

现在巴里有了付诸行动的焦点。他该如何减轻自己的文书工作量？他可以怎么处理税务公司的事？还有草坪的问题？突然间巴里的停办列表转变成了待办事项列表。

要做的第一件事：“我必须改变我的课程负担，”巴里承认道，“我会和我的顾问讨论，我打算放弃一些班级，接管一些不需要太多文书工作的班级。”

接下来，巴里决定取消周末在税务公司的工作。“我只需要十名属于我自己的客户，就可以开始自己的公司。我知道这是可行的，我之前只是害怕失败。一旦我得到这些客户，我便会退出税务公司。”他的妻子也非常支持他的决定，他们设计了一个商标，提交并成立了一个有限责任公司（limited liability company, LLC）。在一个星期内，巴里成了一名企业家！

最后，随着客户的增长、收入不断增加，巴里和妻子高兴地计划着雇用一个园林绿化公司，这样巴里便可以把富余的时间用于正念、锻炼以及有趣的家庭生活中。

以上的过程向我们展现了变化是如何发生，以及变化的动力是如何开始的。即使是像草坪护理这样的小事，一旦你可以控制它，就可以在你的脑中留出更多的空间（海洋般的心灵）去思考更重要的事情，直到像巴里一样，掌控自己的时间，而不是屈服于那些侵占你时间的不合理的要求。

停办清单可以成为一种很好的工具，帮你确定并区分积极和消极的动机。

练习：发现天赋，设定目标

没有风会为了没有目的地的船只而起。

——航海中谚语

下文列举的问题可以在你想要采取行动来探索目标时，用以引发一些带有好奇心的对话。

1. 这个工作/任务是我特别想要的，还是只是作为一种义务，或是为了实现别人对我的期望？

2. 这是否符合我的核心价值？

3. 这件事是否可行？

4. 这件事会让我变得更好吗？

5. 当我在脑中想到这件事的时候，我的直觉能告诉我它是真实可行的吗？

6. 我是否具有内部和外部的支持系统，让我有条件达成目标？

7. 我操之过急了吗？在采取这一步之前，我是否需要考虑更小的步骤？

制定计划：

- 为你的目标编写任务说明。
- 设置确切的起始日期。比如说，当巴里提交有限责任公司的申请时，他将自己的入职日期定在了他即将到来的五十岁生日那天。
- 确定实现目标的日期。巴里答应自己，他的课程负荷在 9 月份将会发生改变。在《希望：创造你自己和其他人的未来》一书中，谢恩·洛佩兹（Shane J. Lopez）博士称之为时间/地点相关计划，具体说明你将在什么时候开始执行计划："使用线索的力量促使我们坚持那些最重要的长期项目……让我们得以持续下去，让我们和自身的拖延倾向抗争，并保护我们不至于被其他耗费精力的要求所压垮。"与没有制定时间表的人相比，那些拥有具体日期和时间规划的人更倾向于实现他们的项目或目标。
- 设计一份书面计划。巴里当时想到了他所在社区的人，他可以通过这些人际网络来获得客户。他利用了在税务公司获得的实践经验，在人生中第一次开始使用社交媒体。
- 做一个三十天、六十天和九十天的回顾计划。自我审视是实现目标的关键所在。重新评估环境条件，判断小的成功和挫折，并相应地对计划进行调整。

- 在钱包、手提袋或车里放一个象征你目标的物品。它可以用于提醒和鼓励自己。巴里随身带着唯一一张他和家人一起共度假期的照片，以此提醒自己有多么想要守护他和妻子所构筑的生活。此外，他将新公司的标志复制了一份，彩色喷印在车内的手套箱上，以此提醒自己是如何创造出了一个几周前尚不存在的东西。毫无疑问，在巴里开始新的生活后，白手起家创建公司的经历仍然能予以重大的正性激励并帮他建立信心。
- 根据你生活中的各个方面对目标进行分类。比如巴里曾将家庭生活的目标和其他目标区分开，因此对他而言，家庭幸福并不依赖于其他无关目标的实现。
- 避免制定过高的目标，一次处理一件事。我们都知道，要是从元旦开始就提出成百上千条目标，比如减肥、省钱、换工作、成为一个更好的家长、重新和老朋友取得联系、为马拉松进行准备，会让我们变得怎样。我们的激情会很快燃烧殆尽，最终一无所获。
- 寻找目标的传染源。洛佩兹博士的书中引用了一些研究，这些研究发现目标设定是具有传染性的。如果我们看到别人正在追求一些目标的话，我们就更有可能模仿他们的行为、也为目标而努力。这些“目标传染源”其实就在我们身边，我们应当留心去寻找他们的所在。在洛佩兹博士的作品中，我认识了荷兰乌得勒支大学（Utrecht University）的亨克·阿特斯（Henk Aarts）博士，他的研究主要关注人们形成目标的方式。他的研究揭示了在很大程度上“我们想做以及去做某些事的意识会受到无意识的习惯、社会及环境因素的影响”。他已经证实了仅仅是阅读那些关于树立目标并为之行动的故事就能促使人们跟随。要想知道传染性目标是什么，问问那些因为观看了玛丽·奥斯蒙德（Marie Osmond）在《与星星共舞》（*Dancing with the Stars*）中的惊艳表现而受到激励去参加舞厅舞蹈课程的人，或是那些见证了2008年奥运游泳团队万众瞩目的样子后给孩子报名参加游泳课的家长们就行了。甚至当酒店或餐厅发布声明表示公司老板和员工都在认真进行产品回收后，人们会倾向于更加认真地对待废物的回收利用。

- 为意外情况做好计划。当人们为马拉松进行训练时，他们会在不同的情况下练习，所有这些都是为未知的赛况做准备。他们会事先了解道路情况，会在黑暗中、在窄小的巷道里训练，冒着雨水、严寒、酷暑训练，承受着脱水的风险或躯体的疼痛。因为他们无法想象或是控制比赛当天的情况，于是他们只能尽力计划周全。对于我们来说也是这样，谚语云，“尽人事听天命”，因而在制定目标时，我们应该尽可能多地制定应对策略。若是有了计划一、计划二、计划三，“我们就有可能更快地逃离不利的情况，或能更好地忍受不可避免的处境。”洛佩兹博士建议道。这就像是在节食的时候对可能发生的意外状况进行预测一般：“如果他们上了我最喜欢吃的甜点，我该怎么办？如果店里没有无麸质菜单怎么办？我将退回附赠的面包篮，多喝点水，远离那些看上去诱人的食物等。”

- 保持对计划的热情，坚持自己想要做的事以及想要创造的未来。你应该为自己的力量感到骄傲，也应当为之激动。不要拒绝自己应得的乐趣：享受你正在做的，并让自己的工作变得有趣起来！

大声和自豪

我不会对我的过去感到羞耻，我其实很为自己感到自豪。

我知道自己犯了很多错误，但它们反过来成就了我的人生。

——德鲁·巴里摩尔[①] (Drew Barrymore)

我记得当我的儿子将他的第一个乐高组装好的时刻。他当时六岁，这对我们而言是一件大事。我不知道谁更快乐，是我的儿子还是我疲惫不堪的丈夫——他在至少两年里担任着乐高师傅的重任。丈夫正在小心翼翼地擦拭着塑料上的污点，这些斑点会粘在手掌的深处。儿子正盯着操作指南，时不时地看向他的爸爸、让他帮自己解决问题，直到有一天，儿子决定自己阅读并遵循指南进行组装。

当然，我们太忙了，甚至都没有注意到儿子已经在他房里待了很长时间，而且异乎寻常地安静。我和山姆都有家务要做，我们一家四口正在家中忙于应付各自的事情，我们甚至一直没有发觉！直到有一天，六岁儿子带着他喜悦的神色，让全家人为之激动不已。

"妈妈，妈妈！你一定会觉得不可思议！"杰克气喘吁吁地跑

---

① 德鲁·巴里摩尔，美国演员、导演、制片人。曾参演《外星人 E.T.》(*E.T. the Extra-Terrestrial*) 和《霹雳娇娃》(*Charlie's Angels*) 系列电影。

来厨房时，我正在用钢丝绒在水槽边刷洗锅子。“我做的！是我做的！我自己做的！我自己建了一个乐高警察局！”

我开发了几种虚伪的热情语气，专门用于这种情况。此时我的大脑还没来得及处理孩子告诉我的话，不过我依旧不假思索地回答道：“那真的……太好了。”

他大概是识破了我的敷衍，不愿轻易罢休，“来看看嘛。现在就来。”

我为自己的漫不经心和虚伪的热情感到有点内疚，于是半推半就跟着他进了房间。赫然映入眼帘的，就是他想展示给我看的乐高警察局——用我自己的话说，是盒子上图片的精确复制品。六岁的儿子能做到这样，真的令我感到震惊而满意。然后儿子转身对我说了一句话，让我永生难忘。

“我实在是太为自己骄傲啦！”

我永远不会忘记这件事。原因有二：第一是儿子一整天都在说这件事。第二是因为我不记得自己、丈夫或其他任何成年人有这样称赞过自己，即便是自己完成了某件值得称赞的壮举之后！

这又是为什么呢？

根据某些陈词滥调，我们是在生活的跑步机上向着自己的目标奔跑，但一旦到达终点，便不会容许自己放弃既得的荣耀。其实我们从孩子那里有很多要学的东西，我的儿子在那天就用他天真的宣告给我上了一课。为自己骄傲，并大声说出来吧。

我们必须停下来，认识自己的成就、赞美自己，并将每一场胜利作为动力，在现在和未来鼓励自己充分利用自身能力。将祝福赐予自己，是不断提升自身精神力量的一种有效方式。

提升灵性
——动力在你身边

“我想从生活中得到什么？”

与之相比更为有力的问题是，“生活想从我这里得到什么？”

——埃克哈特·托利（Eckhart Tolle）[①]

① 埃克哈特·托利，著名灵性导师，著有《当下的力量》（*The Power of Now*）等书。

这一章的内容包括：

信任和直觉

适度正念

选择创意模式

我们将不会衰败：真正的秘密

精神是我们个体内部的力量，它给我们的身体带来生命力和能量。但正如能量会被消耗或增长，在我们专注或不专注时，精神也会发生波动。我们的精神状态每天都在受到威胁，这些非物质自我会被一些肉眼不可见的方式伤害，直到我们开始感到空虚、觉得自己不再完整时才可能有所察觉。我们都知道身体和心灵存在联系，这种说法已被专家修正为身体—心理—灵魂的联系，并认为第三个组成部分“精神力量”正是希腊人所说的“认识你自己”中的重要组成部分。我希望这本书的前几章已经帮你深入了解你自己。现在我们开始第五章《提升灵性》，这一章中我们将讨论精神和富有灵性生活的意义，以及丧失灵魂后身体和心灵会如何变得不完整。这种不完整的状态就像是被摘掉黑丝绸帽子的雪人一般。正是有了这顶帽子，让它得以获得生命，能够翩翩起舞。

现代的凤凰

当我和艾莉森（Allison）谈到我将灵魂比作丝绸帽子时，她很温柔地笑了起来，深棕色的秀发滑落到黑框眼镜的边缘。她头戴一顶属于自己的丝绸帽子，这帽子来自于一个最意想不到的提供者——癌症。

艾莉森被确诊为乳腺癌。当她得知这件事时，她只比现在的我大一岁。在三十七岁那年，艾莉森已经是一名忙碌的母亲，有个五岁的女儿和四岁的儿子。自三十五岁以来，她一直坚持为自己“紧致的”乳房接受常规乳腺 X 线摄片。“三十五岁是四十岁的开端，至少我的医生是这么跟我说的，”艾莉森说，“而且我很高兴他能对此深信不疑。”在她最后一次乳腺 X 线摄片拿到正常结果的五个月后，艾莉森的乳头出现内陷，这让她的医生高度警惕起来。测试结果显示艾莉森有浸润性导管癌或者是乳腺癌 3A 期。医生让她立即停止工作，第二天就开始接受化疗。

“我没有惊慌或是哭泣。我当时心想，除了得了这种病之外，我还很年轻、身体健康，有科学技术的帮助，就是这样。”艾莉森说。

她需要进行每周一次的化疗，疗程为五个月。她接受了双侧乳房切除术。两周后，她听到了更多的坏消息。化疗并未起效。事实上，她的肿瘤已经长到了八厘米，而且据说该肿瘤对雌性激素敏感。“直到我拿到病理报告之前，我只去考虑这场病给我带来的积极方面。自从十二岁起，我总是偷偷地暴食，此后体重一直上下波动，现在我终于能够减重三十磅啦，而且我还能得到一个全新的胸部!”

“但是一旦我意识到化疗不起作用，意识到这种乳腺癌不仅仅是换掉有毒的乳房就好了，我被迫接受了新的现实：这种疾病现在是我的一部分，并在我的余生都将伴随着我，它将决定我生活中的一切，从吃的食物到处理压力的方式，再到我需要服用的维生素。我需要更好地照顾自己，从内到外、从头到脚地对待自己。单单是这件事对我而言就是全新的领域。”

在一年半时间里，艾莉森接受了双侧乳房切除术、四个淋巴结切除、子宫切除术、卵巢切除术、放疗和几次乳房重建。由于这些手术，她将提前数十年进入更年期。

在我的想象中，我看到一个身穿睡衣的女子深夜里倚在坐便器边呕吐，屋里的两个婴儿缩在婴儿床上哭泣，身边的丈夫不知道该怎么帮年轻的妻子缓解痛苦。很快我就明白自己的想法大错特错。艾莉森是如此快乐、强壮，这让我不禁好奇她的精神力量来自何处。“艾莉森，你是怎么处理这些事的？你是怎么保持希望的？”我问她。

“我没有必要刻意保持希望，”她解释道，“生病这件事，让我感觉自己无比强大。”

艾莉森承认自己有过自责，尤其是她猜测自己患癌是因为自己之前的一些决策。她曾两次接受体外受精，并为了怀孕而服用大量的受孕药。她也怀疑自己长期的不健康饮食是否也对患病产生了影响。她觉得现实痛苦而讽刺，为了能生养孩子，她和丈夫长期关注自己的生殖系统问题，最终却导致她失去了所有的女性成分：乳房、子宫、卵巢以及一头秀发。

“我不久前才怀过孕，因而对我而言，更年期提前的事真的是挺大的打击。但后来我觉得可以接受了，毕竟为此感到失落是很自然的一件事。在我们人生的不同阶段，我们都会认为自己有权拥有某些东西。在某个时期，我会认为自己有权生养孩子，于是我在情况严峻的时候做出了选择并得到了我想要的结果。当然，我认为我也有权保持子宫的完整性，但后来我意识到生活不仅仅和权利有关。”

艾莉森察觉到自己身上发生了意外的转变。“首先，在我生病之前，我和我的丈夫已经陷入了感情危机，在外只是装作和睦而已。但现在我们比以往任何时候都要强大。我还获得了许多慷慨、富有爱心和同理心的支持者，包括学校里的熟人、同事、学生，亲密的家人以及在等候室遇到的陌生人。那些从小学之后就没有再见过面的朋友出现在我家门口并给我带来了热乎乎的餐点。我从未想过自己会和兄弟及父亲如此密切地联系。所有这一切都充满了爱……我感动得甚至想要下跪。”

“因此我认为，人们好像经常误解爱的内涵。人们总是想做些什么，但他们很少知道做什么、何时做以及怎么做。但是如果你适当地引导他们，他们可以帮助你创造奇迹。”

艾莉森所说的奇迹，其中之一就是允许自己表现出脆弱的一面、与别人分享她的故事，并且不会因为自己的秃发或残肢而感到羞耻。她越能接受“癌”这个可怕的字眼，便越能解除人们对于待在自己身边或者说错话的恐惧。在这里，她将我们在第三章《开启心智》中脆弱的力量运用得恰到好处。

如果你通过艾莉森的外貌对她进行评价的话，你会看到一位因为癌症而增重六十磅的秃头女子，并且已经开始进入更年期。她不是很“漂亮”。但是在她自己眼中，这是自己最纯洁、最可爱的模样。

“在我谢顶之后，我从未感觉自己有过如此美丽的状态。我觉得自己凝聚着周围人的爱，也在向所到之处散播爱，这让我感觉自己似乎变成了爱的斗士。我是一个疯狂的母亲，正在和病魔打一场硬仗，同时我又觉得自己比自己想象中更加女性化。我认为，这就是女人的真正意义，这就是我注定要去体验的经历。我相信自己得到了启示。但我无法解释其中的奥妙。”

“每个女人都有必须面对的困境。你是想躺在地上哭泣，还是站起来抗争？对我而言，我很清楚自己会选择哪种方式。我并非生活在否定之中。我的癌症有50%的可能性复发，甚至是进入癌症第四期，然后我必须应对这次转移性肿瘤，我还很可能会死。我很可能无法见证孩子的婚礼。这个事实影响了我所做的每一个决定。”

艾莉森开始寻找东西来充填用她的丝绸魔术帽，正是这些决定帮她提升了自己的灵性：她开始在肿瘤中心担任志愿者，为那些近期被诊断为乳腺癌的女性提供帮助；除了学习更好的营养方案外，她还采取了整体化的方法调适身心，包括每月的灵气(Reiki)① 练习、夜间正念和针灸；并确保孩子们在成长过程中能获得足够的母爱并感到安全。

艾莉森对自身体验有着独特的见解，在病情缓解之后，她收到了好几个癌症支持小组的要求。“他们告诉我，我做得很好。不过事实上，我相信每个人都想在这个世界留下痕迹。我觉得自己很幸运，因为我已经在做这样的事了。我是一名教师，在一所很棒的高中给孩子授课。我每天都会有新的创意萌发，并能和别人分享我迄今为止所学到的关于生活的一切。最重要的是要待人真诚。”

---

① 一种利用宇宙能量治病和养生的修炼方法。

“每天晚上，我为了入睡，会利用正念想象一种越来越亮、越来越强的金光，它从我的头顶开始，一直移动到我的脚趾处。这种扫描是一种无限和平的白光，它照亮了我的内心，赐我以活力和健康。我很快就睡着了。”

艾莉森可能不知道，她不是唯一感受到这种光明的人。还有许多人也可以看到它。这光向外传递着真诚、脆弱的力量以及自我意识。“我迫不及待地在支持性小组中向女性组员们展示了我纹在胸上的乳头。我尽可能对她们坦诚相待，因为我需要以更多更深入的方式同人们建立联系。这种疾病让我和社区、家庭建立联系，并让我重视起自己的目的。我现在知道生活是由深度连接驱动的。深度连接便是我的首要目标。”

我意识到，她的经历便是觉悟提升的真正典范。

信任和直觉

倾听。倾听。这就是我们需要做的。

——帕特·隆格[①] (Pat Longo)

我的继父罗伯特逃走了，他几个小时前刚刚打过我的母亲，那他为什么还要鬼鬼祟祟地溜回来，通过我们的窗户朝里窥视呢?

我在晚上看到他的影子，然后透过客厅的窗户看到他的双眼。我告诉母亲："这是个疯子，我应该叫警察来。"

"不用，我们会没事的。"母亲一边说着，一边双手抱肩走出了客厅。长久以来，对丈夫的恐惧一直折磨着她。现在，她能做的只是躲回厨房里。

无论如何也要叫警察。

就是这个"声音"——我从小就在脑中经常听到的一个声音，它让我感到寒冷并伴随着恶心的感觉。我不想将这声音的事告诉任何人，我不愿分享这件事，不过我倒从来没害怕过它。这声音有时柔软温和，有时响亮急切。自我上次听到它已有一年多的时间了，那次声音警告我不要和肖恩一起回家，要我在被强奸

① 帕特·隆格，美国灵性导师。

之后继续躲避他。我没听它的。当我们到达肖恩住处的地下室后，他突然猛击我的肚子、把我摔到地上，不顾一切地试图杀死我腹中的孩子。到现在为止，我已经太多次听到但又忽视了这个声音，但历史证明了它的正确性。声音从来都没有错过。当罗伯特破门而入、向我扑来时，我正在拨打 911，他把电话线拽了下来。我不知道我是否已经联系上调度员。罗伯特朝着屋子后方走去，想要抓住我妈妈。当我从原地挣扎着站起来时，罗伯特正在走廊里攻击我的母亲。我从他的身后撞向他，击打他的背部，但他纹丝不动、继续对我母亲施暴。我害怕她会被打死，我和我的弟弟妹妹将会成为下一个受害者。我带着三个弟妹们，穿过马路，跑到街对面的邻居家。我拼命地敲门，但没有任何回答。

警笛声突然从角落想起，警车啸叫着停下，将我们家团团包围。我上身穿着睡衣、下面仅着内裤，呆站在人行道上，看着四名警察试图将罗伯特拖走。罗伯特已经丧失理智，他攻击了警官，于是他们强行将他制服了。我看着罗伯特被铐上手铐押入警车送走后，我随即开始害怕起来，怕自己会在家里看到不幸的场景。接着我看到了母亲，她正在一名警察的怀抱中哭泣，警察安慰着她，而她的脸全肿了、几乎面目全非。是那个声音救了她的命。

直觉（intuition）一词的词根来源于拉丁语 tueri，意思是“守卫、保护”。我们天生都具有直觉，并且可以学会如何发展直觉能力，就像演奏乐器一样。据说一个人的直觉力越强，就越有可能达到更高的成就，我将其理解为，如果我想得到更高的自我提升，让自己能获得最强大、最平和、最安全的状态，我就必须不断磨炼并提升自己的直觉力。19世纪初以来，研究者一直在研究心灵感应、直觉和超自然现象。根据《直觉的艺术：建立你的内在智慧》（*The Art of Intuition: Cultivating Your Inner Wisdom*）一书的作者苏菲·伯纳姆（Sophy Burnham）所说，在哈佛、普林斯顿和斯坦福等知名研究机构中已经进行了数十万次的实验研究，这些研究都证实了直觉的真实性。这不是什么迷信的把戏。伯纳姆解释得很清楚："直觉是为了我们的精神成长而存在的，不是什么超能力。"

直觉有时被认为是"肠子的本能"（gut instinct）或"倾听你肠子的声音"（listening to your gut），令人着迷的是，它可能比我们想象的更加正确。保罗·皮尔索博士写了一本大胆的作品，题为《敬畏：第十一种情绪的美好与危险》（*Awe: The Delights and Dangers of Our Eleventh Emotion*），书中认为肠道的感觉和大脑有着生理上的联系。皮尔索博士解释说，现代医学最近已经认识到，我们的肠子和大脑是从相同的胚胎组织发育而来。一部分在我们的大脑，另一部分则是在肠内；它们形成了所谓的中枢神经系统和肠神经系统。我们的肠道上排布着超过一亿个神经递质，这和在大脑中发现的数量相同，这两个神经系统通过人体内最长的神经——迷走神经相互连接。皮尔索博士写道："当其中一个系统做出反应时，另一个系统也会如此。这就是为什么消化不良会导致噩梦，为什么有些使大脑平静的抗抑郁药有时也可用来平复胃痉挛。"我永远不会忘记我最早的直觉体验，那次体验发生在我在幼儿园的时候。在那个年代，恶心和头晕的症状很容易就被当作是病毒或流感。具体时间是在放学后，我们上完了一天的课程，准备登上回家的巴士。而我的症状在这之前就开始了，但我并没有重视。我的父亲出门跑长途了，在他离开的时候，我还是时常会想念他。我以为自己感到不安是因为没有父亲的家空落落的，况且我不知道他什么时候才能回来。“不要回家，”我脑海里的声音说，“留在学校。打电话给妈妈来接。不要坐公交车上回家。”我希望声音能停下来。我被吓到了。这让我感觉有些坏事情将要发生了。然后我想起来以前听到过这个声音——我怎么会忘记它呢？那时父亲把我的小猫挂在晾衣绳上，让它们在那里受苦并等死。他等着我发现它们，看着我尖叫着、哭泣着，跑去把它们的尸体从绳上解下来。我摇了摇头不再去想那件事，假装没有听到那声音，走向公交车的后座。

公共汽车正沿着蜿蜒的道路行驶，我开始感到不舒服。车厢里很热，即使窗户开着，我还是开始淌汗了。我着急地向四周望去，看到朋友们也注意到了这不寻常的热度。然后我们就看到从公交车后方出现了火光。紧接黑烟和火焰把我们团团围住，我们二十五名乘客扯着嗓子呼喊着求救。我的座位也着火了！

当公交车着火时，我想起有一次一只流浪猫被困在我家的焚化桶里。我没能解救它，它惊恐的呻吟声引来了父亲和弟弟杰森。我和杰森本以为父亲会把它放了，然而他当着我们的面将汽油倒进桶里、浇在先前焚烧物的碎片上。那只猫痛苦的尖叫声与杰森和我的惨叫同时响起。

我本以为自己会像那只猫一样死去。当身边的一切都被烧着时，我被人抓住救了出来。

我们体内的力量，就是所谓的精神，其实一直在向我们说话，特别是引导我们走向合适的方向以及远离危险和有害物。我们称之为直觉，将其定义为不经意识推理便能即时了解某些东西的能力。苏菲·伯纳姆在《直觉的艺术》一书中写道："直觉常常在我们遭遇危机和风险时发挥作用，这些时刻是罕见而具有戏剧性的，尤其是当它拯救你的性命或向你提供难以理解的预言时。根据定义，直觉包括那些智力不可及的信息，并且始终是值得信赖的。"

在第四章《运用多种能力》中，我们已经认识了赫尔曼·雅各布和马尔科·布尼科迪，这两名在大学橄榄球比赛时在空中相撞的运动员。他们怎么能跳得如此之高、着地又如此之重？赫尔曼说，他当时"听见一个此前从未听到过的声音，这声音不知是从何处传来的，它命令我'跳起来'"。赫尔曼曾很后悔听从这个声音的指示，因为他认为是它造成了马尔科的瘫痪。但当专家们回放录像带时，他们认为，如果赫尔曼没有跳起来的话，直接撞击的结果会使得他们两人丧生。如果赫尔曼没有听从这个声音的指示，结局可能会更加悲剧。

《像佛陀一样快乐：爱和智慧的大脑奥秘》的作者瑞克·韩森博士也描述过这样的情况，在似乎没有希望的时刻接收到了一种仿佛来自于外界的强大力量的指引。他在书中写道自己还是大学生的时候，曾见证过这种不可逾越的力量，并被这超凡力量和生命意志所控制。他在优胜美地（Yosemite）高地迷了路，当时已是傍晚，温度越来越低，而离他最近的人家也在几公里开外，年轻的瑞克只穿着短袖衬衫和牛仔裤，要在这一千八百米的高地度过一夜。"一种前所未有的强大的感觉向我袭来。"他在书中写道，“我感觉自己像一只野兽，或是像一只鹰，无论如何都要生存下去。我感觉到一种强烈的决心要活过这一天，如果有必要的话，我也能撑过这个晚上。”

瑞克重新找到了活力，他环绕着所在的地方走了一遍，匆匆穿过灌木和旷野，找到了回到露营地的小路。当晚他就找到了回去的路，和他的小组会合了。“我从未忘记那天的感觉，自从那次之后，我便被这种感觉强烈地吸引住了。”

[直觉] 就是你更高级的自我知道，但你的头脑看不到的存在。

——苏菲·伯纳姆，《直觉的艺术》

我们的直觉同我们沟通的方式非常个体化，而且往往因人而异。对我来说，我的直觉主要是和我说话，准确地说，就是使用不同年龄阶段的我所能理解的说话方式、以声音的形式向我传达。这声音从未凌驾于我的理解之上或是支配我，而是在精神、智力及情感上都同我相匹配。直觉是一种身体上的感受——“来自肠道”的感觉，颤抖、起鸡皮疙瘩，或是强烈地想要逃离的欲望等。具有较强直觉力的人可以看到即将发生的事情，他们会在脑中看到一系列的影像，预示着那些倘若不听劝诫行将发生的事。这就是为什么像帕特·隆格（Pat Longo）这样的人会存在。如果您曾经听说过特丽莎·卡普托（Theresa Caputo），或是长岛灵媒[1]，那么你就算是了解了帕特的一些情况，因为特丽莎曾公开承认是帕特治愈了自己的焦虑不安，并开启了她的灵性天赋。在纽约赫克斯维尔（Hicksville）（正是特丽莎公开致敬的地方）的小屋中，帕特·隆格为来自世界各地的人提供一对一的灵性治疗。她还为心灵修行者、治疗师和想要提升直觉力的人提供一系列的培训。她和朋友金·罗素（Kim Russo）一起开办了第一个班。金·罗素是一个心灵修行者，也是终身电影电视网的系列剧《追捕》(*The Haunting of…*）中的明星演员以及《快乐媒介：彼岸的生活课》(*The Happy Medium*: *Life Lessons from the Other Side*）的作者。偶然的一天晚上，帕特和金遇见了劳拉·林恩·杰克逊（Laura Lynne Jackson)，后者是《我们之间的光：天堂故事》(*The Light between Us*: *Stories from Heaven*）的作者，他们三人一见如故。帕特的班上诞生了很多心灵修行者，最新的一位是玛丽安·迪马克（MaryAnn DiMarco)，她创作了《相信，追问，行动》(*Believe*, *Ask*, *Act*）一书。有趣的是，很多接受过帕特培训的心灵修行者最初并不知道他们的天赋：他们最初的造访，只是为了治疗自己的身体或情感问题。

帕特·隆格对于那些怀疑者也都一视同仁。“怀疑是一种健康的方式，”她说，“不质疑反倒是违反直觉的。当我第一次开始从业的时候，人们以为我长着角或是尾巴，手里拿只死鸡晃来晃去。我会允许对方了解我的情况，直到他满意为止。重要的是不要否认自己的直觉或是你的内在感受，然后你的自由意志会做出

① 灵媒，指一些能够通神、通灵、通鬼的人。

选择。”

我的共同作者米歇尔曾有幸拜访过帕特·隆格，在她的会客室和她比邻而坐，了解了更多关于直觉、信任和灵魂的内容，这三者都能帮助我们保持平衡、集中注意，并与自己的生命意义紧密相连。没有灵性、直觉和信任的引导，我们难以成为完整的自我。

“每个人都具有天赋。我们都是带着各自的天赋来到这个世上。每一个人都是如此，无一例外，”隆格说道，“我们身边也都带着一名向导。从我们诞生的那一刻起，这些向导就已经被分配到位了。你的向导会在你的脑中通过你的想法用你的声音和你对话。你有没有这样的感觉，似乎不知源于何处的随意一个想法潜入了你的思想中？这便是你的向导。这是一种有时出乎意料、并且与你在做的事情无关的想法，它往往会让你停下，不禁想问：‘为什么我刚才会有这种想法？为什么那个人的脸会突然出现在我的脑海中？为什么我会看到那个画面？为什么我突然会有这种感觉？’是你的向导在试图得到你的注意。”

“你有没有和自己的想法产生过争执，进行过类似于抛接球一般的对话，比如‘我会说这个或那样做’，然后你的‘逻辑’就会插口说：‘不，你不会的，你会说这个或是做那件事吗？’但之后原来的想法依旧会持续。那么此时你的向导便真的在坚持己见。当你同自己发生争执时，你需要特别注意。”

我记得在十六岁时这个声音和我说话的情况。我当时独自在家，它说，不要开门。安静待着就好。这声音很温柔，像母亲在对我说话一般。不要轻举妄动。你正处在危险之中。把门锁上。

我透过窗帘向外窥视，只看到我的父亲，不知为何他突然来看我们。我也不知道为什么会突然害怕起来。但我按照声音的指示去做了。我没有让父亲进门，虽然他之后还是回来了，并睡在我弟弟妹妹旁边。那天晚上，只是和他共处一室、呼吸着相同的空气，就让我感觉到他很危险，我完全无法入睡。后来我才发现，他来看我们之前，还在他的女友托尼家里，清理女友溅在墙上的血迹，并将她的尸体丢弃在俄勒冈州——我们最喜欢的家庭野餐地附近。

理解我们的直觉、向导、知性（或是其他什么我们想得到的称呼）是十分必要的。它能提升我们的灵魂，确保我们能够承受那些为了成为完整的自己、为了更好生活的全部努力。隆格也提到了其他一些可以提升灵性的事情，包括通过自身的治愈能力去原谅他人、为了某些事情负责、不再恐惧、对伤害过你的人予以同情、相信理想可以实现、留意身边的巧合、避免情绪和想法互相干扰、倾听你内心智慧的声音。

隆格的一个秘诀是让她的委托人写一封宽恕信。“宽恕信并非我所独创，但许多人用错了方法，他们写下了信并一再重读！千万不要犯这个错误！当你重读自己的想法时，你就相当于又将这些内容下载到了‘硬盘’里。你甚至不应该把它们保留在你的‘电脑’上。当你将宽恕信上传之后，它就有被散播的风险。所以我喜欢将写信当作一种锻炼，写完后就可以安全地烧掉或粉碎，这些想法只需倾泻一次就够了。”

“当你写到信的末尾时，你可以写上，‘我感谢你，我祝福你，我宽恕你’。”

感谢那个可能伤害我们最深的人。这样的想法可能会让你感到不快，像是硬吞下一剂苦涩的药片一般。毕竟有谁会想要感谢强暴过他们的人、酗酒的父母、欺骗自己的同伴、癌症、破产，或是自己吸毒的孩子？我为什么要感谢自己的连环杀手父亲？

“因为他们是你的老师，”隆格建议道，“任何和你有过激烈互动的人都是你的老师，是他们教会你了解什么能做、什么不能做。如果你想成为一个更好的人，选择一条明确的职业道路，成为一名倡议者、志愿者、模范榜样或是更好的合作伙伴，那你需要感谢那位老师。宽恕其实是为了你自己，并非是为了他们。”

艾莉森感谢乳腺癌带给她的教训。现在的她聪明而谦逊，积极关注自身经验得出的智慧，对她生命中所收获的丰富的爱与支持抱有深切的谢意和欣赏之情。我们都可以变得如此包容，即使在最恶劣的时刻，也可以学会对自己生活中所有美丽而痛苦的经历致以谢意：“我感谢你，因为我在面对……的时候，我已经变得越来越好、越来越完整。”

帕特·隆格解释说，她所能做的只是为我们提供我们所需的工具，给我们的生活带来平衡和完整。而是否使用这些工具取决于我们自己。她慷慨地分享了以下可用于提升我们灵性以达到平衡状态的工具：

观察自己的言行，积极对待自己和他人。“我每天都会收到许多信件和电邮，都是一些感到焦虑、悲伤、绝望的人寄给我的。解决问题的方法之一，是让人们去注意他们向外界发送的想法，并努力将负面的观念转变为积极的观念。我要求我的委托人花两周时间监测自己的想法和言论，注意到他们正在想、正在说的有多少消极的内容。当他们说到或听到某些消极的信息时，我建议他们对自己说‘撤销’，很快他们就会了解自己以及周围人的负面情绪有多重。”隆格举了一个晚期癌症患者的例子。“有人会告诉我关于她‘得了’乳腺癌的故事，然后我说，‘谢谢你的分享，现在我希望你以后永远不要再说这些话了’，当你说‘我得了这个病’，你就是将这件事板上钉钉了。当你反过来说：‘我被诊断为这个病’，你就是把责任归咎于诊断者。你若是对自己说‘我每天都感觉好了一点’，癌症从此便不会影响你的能量场；或者对自己说‘我曾经得过’，你把这件事放在过去的时态来看待。想法是会变成事实的。设想越是美好，提升得就越高。”

通过平衡来和信教、动力或宇宙建立连接。“为了便利平衡，我们需要同时和我们头顶的光以及脚下的大地建立连接。”隆格解释道，“光线有助于保护我们免受消极观念的影响，并将我们与信仰的上帝和宇宙联系起来。”我们越是能通过正念和可视化将自己笼罩于光明之中，这道光每一天都会变得越来越亮。然后我们需要坚实地站在大地上，想象着我们的脚底和尾骨锚定在深深的土壤里。“我们是灵性的存在，如果你没有根基，你便无法平衡。大多数人都没有扎根。这个平衡是由光明（高处）和大地（低处）共同创造的。”

如果你想要某样东西，请告诉别人。你有没有偶然地与某人在路上相遇，发现自己说：“真奇怪，我正要跟老公说我们需要一个水管工。”这样的事情就发生在共同作者米歇尔的身上，当时她刚和我完成了这一章节需要采访的专家名单的构思。在生日聚会上，米歇尔正在谈论她撰写《爱的重建》的工作，此时一位同事的妈妈，名叫特蕾西亚（Tricia），她说："我的母亲是名灵性治疗师，她和特丽莎·卡普托一起工作。"

"这真是太神奇了!"米歇尔兴奋地喊道。"梅丽莎和我当时只是聊到我们需要和治疗师谈谈而已。"

帕特·隆格就这样加入进来了！事实证明，隆格当时只是在专心撰写《你并没有生病，你只是有超能力》（*You're Not Sick, You're Psychic*）一书，这是一本将焦虑与灵性天赋相结合，并提供了消除焦虑的方法的书。这真是奇妙的巧合。当你对自己正在寻找的东西保持开放的心态时，你将为聚集在自己的身边的事物感到惊讶。

提升你的振幅。人体是由电磁能构成的，这意味着我们能以一定的方式传递振动波。灵性的振动要来得更剧烈，实际对我们而言也更密集。如果它的振动达到更高程度，我们便能表现出更多积极的状态，因而我们需要提升自身的振幅。"当你陷入抑郁、遭受创伤、承受丧失、面对毒瘾，或只是感到悲伤时，你的振幅很低，就像贴在地面上一般，"隆格解释说，"你周围任何的负性振动都会成为磁铁一般的存在。消极吸引消极。如果你低至地面，那么只有地面一样低的东西会靠近你，所以你便会表现出那些低频振动的东西。当你高到天花板、拥有高频振动时，积极的表现会更多地出现在你的生活中，因为它们会被你所吸引。"

"心动（Good vibrations）"一词不仅是著名歌手马克·沃尔伯格（Marky Mark）一首歌的标题，隆格表示，这种美好的振动可以通过音乐、爱情、感恩、欢笑、祷告、正念以及任何你热爱的东西加以体现。

苏菲·伯纳姆曾这样说道："当你通过祈祷和纯洁的心灵来唤起你的振动时，你会变得更加敏感，你将忽略周围环境的干扰或你愚笨大脑中的喋喋不休，真正地'听见'东西。"

用一茶匙糖来帮你消化信息。隆格喜欢将迪士尼创作的《欢乐满人间》（*Mary Poppins*）这部电影作为一个隐喻来说，告诉我们提升振动意味着什么，以及振动在我们和彼此的生活中有什么影响。

玛丽·波普斯（Mary Poppins）、她的朋友贝特（Bert）以及孩子们简（Jane）和迈克尔（Michael）按照惯例去看望艾伯特叔叔（Uncle Albert），他们发现他总是很伤心的样子。有一次，贝特讲了几个笑话，艾伯特叔叔开始笑了起来，突然腾空而起，漂浮到天上。他开始唱起《我喜欢笑》（*I Love to Laugh*）这首歌，不久贝特也加入其中，笑着飘浮到玛丽和孩子们上方。孩子们也都被这笑声感染，违背了玛丽的命令笑着飞了起来，而玛丽只是看着他们、一脸不悦。玛丽看了看手表，说："孩子们，现在是时候回去了。"他们都皱着眉头，很不情愿地降落到地板上。

隆格解释说："当我们在从事一些我们喜爱的事情，或者吸收了一种先前提到的振动，比如笑声时，我们便会将自己的灵魂放飞至高水平。我们会在更高的层次上运作，只吸引积极的事物、更接近真正的自我。这是一个我们感觉非常非常好的空间。没有人会想待在低振动的环境中。""若你深处情绪的小屋内，我希望你能飞升至屋顶。"隆格说，"要从这里到那里，你需要选择一些人、地点或事物，让它们给你的心灵带来快乐、让你的脸上露出微笑。"这些想法包括了宠物、一部有趣的电影、一个孩子说过或者做过的事情，或是一次成就或经历。

共时性

我开启了心智，开始相信万事万物都有其因，这不是巧合，我能在黑暗的日子里坚持活下去并非偶然。我所说的这些亦可称为“共时性”——这是由荣格（Carl Jung）发明的一个词。它表示在生活中的某个时间你遭遇了巧合，但你对其有更多的理解，认为它富有意义、具有重要性及力量。你不一定非得证明为什么自己会想要和一个无家可归的人交谈，或者为什么你听到门铃不想去开门，或是为什么你会预感到在学校的孩子遭遇了什么事情。你很难用语言去表达，因为你只是知道会如此，但通常这就足够了。这种觉知曾经提醒我，那个在舞会上对我微笑的年轻人有一天会成为我的丈夫。它也曾提醒我去注意到一个贴在电线杆上关于仁人家园的传单，从而引领我母亲为她的大家庭寻找到了合适的住处。我在遇到高中时期最好的朋友时也感受到过那种觉知，她后来成了我的知己，并在我年少的那段混乱时期拯救了我。我的觉知告诉我，这些都是共时性的事件，是引领我走向正道的小小奇迹。

几年之后，我能够将遭到强奸及堕胎视作共时性事件，让我得以帮助那些身处类似情况的其他女性。正是我对这个世界的信任和信心给我巨大的希望：希望我并没有因为做错了什么事而遭遇这一切磨难，希望我已尽己所能应付这一切，希望能因为我明白生活的目的，愿意接受这世界的共时性，还会有更多的好事发生。

据巴普提斯·德佩普（Baptist de Pape）所说，他基于自己的电影《心灵的力量》（*The Power of the Heart*）写了一本书，“共时性似乎是一些微妙的奇迹，是来自宇宙的匿名礼物。他们仿佛是一个惊喜、一种可以不断改变你生活的奇妙连接，开辟了一条令人兴奋的道路，带给你成长与洞察的可能性。这些事件是高度罕见的——然而它们居然发生了。”就在今天早上，米歇尔给她在新闻学院时的密友杰西（Jessie）发了条短信，她们二人已经几个月没联系了。杰西一直很忙：有一个患脑瘫的女儿，工作时间很紧张，需要钱，并且一直在和保险公司斗智斗勇。之前有次降雪量很大，三英尺深的积雪使她的生意和学习不得不中断了一个星期。之后她女儿的全职护士又突然辞职。米歇尔不知道杰西如今是否一筹莫展、感觉“失衡”或是根本无法高兴起来，毕竟以前的杰西是那种即使天塌下来也会一直笑的人。但是在今天，米歇尔冲动地发送了一条短信，向杰西征求了一些关于写作的专业建议，此后，闸门便打开了。杰西用爱书人最熟悉的方式做出了答复——她写下回复并按了发送键。如此交流了几次后，米歇尔认为她当时联系杰西并非巧合。

即使我们不知道另一个人需要帮助，但我们却能代表对方采取行动，并偶然会被神秘的方式（出乎我们意料地）打动——这些行为又往往（多么奇怪）能够帮到别人。这样说来，我们难道不就是天使吗？

——苏菲·伯纳姆，《直觉的艺术》

米歇尔显然无法给她的朋友带来太多帮助，对方的生活充满了我们大多数人都未曾接触过的挑战。但是，米歇尔想知道，如果自己伸出援手、予以关心，是否能告诉杰西她被自己的大学好友所爱着、支持着，这又是否足以帮助杰西保持希望，相信这糟糕的一周即将过去。为什么偏偏是这一天？米歇尔很好奇。为什么我不是在昨天或明天给她发短信，而是在护士辞职、将杰西置身于这种境地的那一天呢？这便引出了德·佩普书中的一段话："当不可能性越来越多、一个接一个地出现，并且通常的因果关系不再成立时，这便是共时性。"

即使你只是刚刚开始探索共时性，你也可以即刻发展提升你的意识！每一天都会有奇怪的事情发生，乍看之下都是巧合。试着停下来，承认这些事件值得你好好留意。在你朋友给你发短信的前不久，她的脸突然出现在你的脑海中，这真的只是巧合吗？或者你办公室里的新人又给你带来了什么启发呢？为什么你们总是不期而遇？你的孩子来到你身边是要教会你什么吗？为什么出行的计划会落空呢？若你能对我们认为理所当然的事情加以注意，并能相信它们的存在意义，你将获得更多的共时性事件。

适度正念

任由自己做梦，你的高级知觉将指明前行的方向。

——苏菲·伯纳姆，《直觉的艺术》

苏菲·伯纳姆认为我们可以通过放松来引发直觉体验：“不要害怕和自己在一起，也不必害怕一个人只能空想而无事可做，顺其自然就好。”她允许我们“留出空余时间”，而不是用繁忙的日程填补所有的时刻。“只要你能稍稍向身边的环境打开自己的内心、专注地观察并且不妄加评判，你会为如此丰富的体验而感到吃惊。”

你不需要铜锣和水晶，长凳或指南才能进行正念。只要你专注于自己的内心，保持聆听的状态，直到你真的能听到你的向导所说的话，你便可以在任何地方进行正念。当我们侧耳倾听时，我们相当于送给了自己一个礼物，让自己同自己共处。

正念只是“专属于我的时间”，你特地将这段时间抽提出来用作精神训练——无论你对精神有着怎样的理解。这就像和性情相投的挚友在一起一般容易，和挚友在一起，你能展现最真实的自己。或者它也可以需要做出更多承诺，比如加入僧团就是如此。

在《像佛陀一样快乐》一书中，韩森和曼度斯探讨了一个问题，即在我们不太确定的情况下，如何找到一个最佳的避难所。在我们忙碌的生活中，我们往往不知道自己可能会在何时放弃并冷静下来。我发现我的避难所就是大自然，但是我也喜欢在书店的过道流连或是前去练习瑜伽。请填写以下句子，来找到属于自己的选择。

我在____________找到了避难处。

我在____________避难。

为了____________，我前去避难。

这里有____________。

当我到达这里，我觉得____________。

我是一个____________的人。

我来自____________。

等等。

当我使用这种方法时，我得到了惊人的独特答案，若我只是用“去哪里可以让自己感觉好受一点”这样的老问题反复问自己的话，是无法得到这样的结果的。

正如我先前所言，大自然是我的神圣之所。加拿大的山峰和宁静的山谷，美国华盛顿州惊险的瀑布，举目四望河流蜿蜒曲折之处。这些地方为我们提供了无限的灵感，让我们得以拥有梦想、将想法具体化、整理思路并与上帝交谈。我在太平洋西北部长大，也正是在踏足于那片郁郁葱葱的土地时，我获得了最棒的正念状态。我在山谷里长大，在大自然中度过了我的童年。我可以看见它们、感觉到它们，仿佛自己是它们的一部分。我记得我把拖车门推开，视野中辽阔的景色一览无遗。我感觉很安全。

奶奶的房子和我们的拖车位于雅基马谷（Yakima Valley）果园覆盖的山丘的几公里外，边上就是纳齐斯公路（Naches）。我们常常在一排排芬芳的花丛和结满苹果的果树间玩上好几个小时。不论是在什么季节，我们会认为待在家里绝对是种惩罚。

在哲学上，宇宙是由自然与灵魂组成的。

——拉尔夫·沃尔多·爱默生（Ralph Waldo Emerson）

设计属于自己的个性化正念不仅仅是选择合适的地点，也需要高度个人化的练习方式。有些人喜欢下载应用程序，并通过智能手机中柔和、稳定的声音在夜间引导自己练习。其他人则发现在艺术、音乐、写作、表演等的过程中，他们变得富有创造力，并能激活大脑的某个半球，从而得以消除干扰，此时他们正是在进行正念。

有些人通过跑步、步行、瑜伽、做普拉提、练武术和做园艺来进行正念。他们会穿上耐克鞋、身着运动服或拿着一双剪刀去进行思考。

另一方面，有些人通过重复令人愉快的事件来进行正念，诸如观看新生儿睡眠，听猫咪的呜呜声或是遛狗等。有些人喜欢放空自己，另一些人则在拉小提琴或练习声乐时能清理脑中的思绪。

不论是何种形式的正念都能帮我们整理自己的想法和生活，

并给我们提供线索，以了解什么样的东西可以使我们得到满足。当我们进行梳理的时候，我们将更能看清是生活的哪些方面使我们感觉良好，反之亦然。根据直觉，我们开始亲近那些有利于自己的事，远离其他无益之事。通过这种方式，我们尽可能地减少了自身的损耗。

梅丽莎·哈里斯（Melissa Harris）是一名心灵修行者，并负责教授心理发展这门课。她向我解释自己是如何倾听内心直觉的：“直觉在我的腹腔神经丛（肚脐上方两指）附近向我诉说。如果我的直觉赞同某件事，我会感觉到自己仿佛想要向前移动。如果我得到的是否定，我会感觉自己正在往回缩。如果我不听从直觉的引导，我有时会体验到隐约的恐惧感，有时则是模糊的内疚感。我知道是我的核心自我在和自己对话，若我不听，便是在背叛自己。我还认识一些人，他们在不听从内心指引时会感到悲伤或恐惧。”

当我们倾听内心的直觉时，我们真的能感到自己仿佛已经回到家乡，因为在我们的直觉中，我们享受着家庭所给予的奢侈幸福：其中包括熟悉、舒适、安全、爱、包容、平衡。

还有什么方法可以发展我们的直觉、让它引导我们？

哈里斯说，只需简单地提问和倾听。“你有没有过这样的情形，发现自己正在为了某种情况寻求精神指导，并发现自己正在寻找某些可作为答案的‘迹象’？”

当我身处“情绪密室”中，我曾有过关于提问/倾听的重要体验。当时我以为自己几乎搞砸了一切。我们在斯波坎市的房子被抵押了；丈夫和我都失业了；每隔一天就会接到收账的人和儿子老师的电话。我被压垮了。我一个人待在家里，把自己交给内心的灵性向导，大声喊道："很好，你引起我的注意了。我现在糟透了。我不知道现在该做什么，我显然没有听从你的指示。"我发誓向导一定是对我很生气，否则她不会将我脚下的地毯吹翻，以此提醒我要注意。就如帕特·隆格所说，我有权利选择倾听或是忽视，但他们让我了解到我忽视的太多了。"大家听好了，我需要帮助。我无法独自处理这种状况！"

虽然只是说出了自己的无助感，但我立即感到了一阵释然。我们需要很长的时间才能迎来变化，这不是一蹴而就的事。我们的房子仍然被抵押，但我丈夫找到了一份工作，我的电视节目被选中了。我们最终搬到了加州。尽管这些事也许时机成熟总是会发生，但我真的相信，正是不再需要独自面对这些破事的感觉激励我一往无前。我的无意义感越少，和向导倾诉得越多，我的灵感就会越强，就越能想出如何摆脱生活中折磨我的这些困境。一旦我伸出双手，带着愤怒和沮丧、面对着空房间的墙壁疯狂地喊叫，我马上感觉到自己不那么孤独无助了。我发誓，正是这一点，让一切有所不同。

练习：用快速、经济而富有创意的方法使内心平静下来

自动写作：根据梅丽莎·哈里斯的定义，自动写作是指无须加以思考的写作。它可以让我们惯于分析的大脑稍作休息，并激活其他的脑区。它可以是在早晨或其他时间的一次思想倾泻；你可以用纸笔或在电脑上进行。正如哈里斯所指出的那样，你是如何准备的其实并不重要，因为写作的本身就是在整理思路，并为进一步发现创造了空间。

感官扎根：对于像我这样不太了解正念的人而言，被称为5-4-3-2-1的正念可作为极好的入门练习。我是从精神病医生兼正念导师沙琳·理查德（Charlene Richard）那里学到这个技术的。感官扎根练习的目的是利用全部感官来觉知当下的状态，以此消除焦虑、消极的自我对话和总是考虑最坏情况的想法。理查德建议我们：

- 环视房间内部，描述五件你能看到的物品。
- 将注意力转移到你的身体上，并诉说四个你能感觉到的对象。
- 将你的注意力转移到听觉上，并描述三种你可以听到的声音。
- 关注你的嗅觉，并描述两种你可以闻到的气味——或是想象你喜欢的两种味道。
- 描述一件你可以尝到或是喜欢的味道。

白日梦

梅丽莎·哈里斯认为“是我们的幻想创造了现实”，所以如果你曾被人指责痴心妄想，或是白日做梦，那么你很可能有幸实现这些梦想。请记住，为了从沉重的困境中解脱出来，我们正在努力挖掘灵感，有什么会比一个好的白日梦更有创意的呢？

对我而言，做白日梦是为了逃离惨淡的现实，同时也是一种自我效能的训练，这并非浪费时间。在我二十多岁的时候，我曾想象自己拥有不同的职业生涯以及不同的成长环境，这些想象让我对于自己的欲望和不安有了更多的了解。我最生动的白日梦记忆发生在我在维多利亚的秘密的香水部门工作的时候。每天从早到晚，修长、瘦削而美丽的女孩身着名牌衣装，她们用大量时间精心呵护自己，在她们戴着晶莹饰品的手腕和脖子上喷洒不同气味的香水，用做过美甲的手抚摸着丝绸浴袍，在妆容齐整的面孔上补上不同的眼影。我很羡慕，至少在我面前，她们有办法、有资源真正地照顾自己，并能表现得如此自私自恋。如果我能像这样宠爱自己，那该有多好？我做着这样的美梦。在我的世界里，宠爱自己是件不可思议的事，是不负责任的象征。然而，这份工作让我联想到自己掌握的理发和化妆技巧，想起自己还是一个小女孩的时候，别人就曾告诉过我，我的审美很不错。

此后日复一日，我设想着自己能在美容行业从事的不同职业。我开始在维多利亚的秘密担任化妆师和美容咨询，这段经历让我信心大增，并鼓起勇气去申请了美容学院。毕业后，我在高级沙龙工作，这段经历使我决定追求真正的梦想——去好莱坞的工作室工作。我将自己的梦想告诉身边的人，他们则会让我帮他们做头发以及化妆。我告诉的人越多，我就和更多的人发生了关联。我最终意识到，人们是想要支持别人的，但是如果你不说出自己的梦想，人们就不会知道该如何帮助你。

我发现即使自己并不像那些来到维多利亚的秘密的模特那样专注于自己，我也以不同的方式宠爱着自己。他们会花时间去日光浴沙龙或者是美容院美容，而我则是通过白日梦、倾听我的直觉引导自己走上职业道路。凭借着对自己的更深入了解，我描绘了自己的生活，制定了一个新的课程，并且想到了新奇的可能性。

选择创意模式

创造力的基本要素对于每个人来说都是一样的：勇气，魅力、许可、坚持、信任——这些元素并非遥不可及。创造性的生活并不容易，但这是可以实现的。

——伊丽莎白·吉尔伯特，《奇妙魔法》

大约六个月前，我还一直在过着自己的日子，尚未发现有一款电视游戏已经征服了整个世界。也就是说，直到我的儿子抓着我的手机，通过触摸屏开始建立他的“世界”时，我才知道这游戏的存在。也许你听说了它的名字，这款游戏名为《我的世界》(*Minecraft*)。粗看之下，我确信这是像积木或乐高一样的游戏，是一种健康的兴趣爱好。然而接着我儿子开始嘟囔着一些关于杀死、饿死或试图把猪宰了当食物之类的话，我认为有必要研究一下孩子（以及数百万其他儿童、青少年和成年人）的这个消遣。以下是我主要了解到的情况（当然我的了解可能比较有限）：玩家可以选择不同的模式。我儿子选择了生存模式（玩家需要在这个世界寻找并使用资源，否则他们就会死亡）和创意模式。在我阅读维基百科对《我的世界》中创意模式的描述时，其中的一段话让我印象深刻：“玩家拥有无限数量的模块用以盖房子，没有健康或饥饿进度条，从而使玩家免受所有伤害。”

这一点让我深感震撼：对于我们这些生活在现实中的人来说，以创造性的方式工作可以使我们免受所有的伤害。创造力的确是提升我们灵性的唯一需要。富有创造性地去思考、富有创造性地去行动、富有创造性地去爱，我们需要切换到创意模式。

我知道自己要在书中讨论关于人类特有的创造力以及它所具有的提升灵性的作用，于是我借鉴了许多其他作者和研究人员的成果，其中包括布勒内·布朗（Brené Brown）博士和伊丽莎白·吉尔伯特。但是在我读过的文章中，没有一篇像关于《我的世界》的维基百科内容中的这行话那样一语中的。不管你对自己有何看法，不论你是不是无法画出一个火柴人来拯救你，或是你并不会编舞或导演戏剧，如果我们选择去做的话，我们所做的一切都具有创造力。当我们的创造力延伸至思想和行动中、生活和疗愈方式上以及亲密关系中，我们就能开始抵抗那些对我们的灵魂造成伤害的事件。创造性保护我们免受伤害；它让我们置身于一种完整的状态之下。

在《目击者：专家眼中的十一步》（*On Looking*：*Eleven Walks with Expert Eyes*）一书中，亚历山德拉·霍洛维茨（Alexandra Horowitz）解释说这本书的灵感来自于她“错失一切”的感觉。于是她设想了这样一个实验：通过在她生活的纽约市街区行走，证明自己的预感具有多大的正确性。“我们像僵尸一样四处走动，无视身边的一切。”霍洛维茨在书中写道，“即使我们有意去对事件加以关注，我们仍旧错失了那些在自己的身体里、在别处，以及在你面前发生的事情。”

我们在生活、成长和治愈中都需要创造力。但我们却对自己存在所必需的本能视而不见，而且当我们这样做时，其实是会感到不太舒服的。虽然我们不能确切地指出到底是什么问题，但生活就是不在正轨上。事实上是我们的心灵在哭泣：你正在谋杀我。

你需要将自己的痛苦经历具体化（是谁、为什么、在哪里、做了什么、如何做的）、剖析情绪、接受责任、寻找摆脱恐惧的方法、宽恕过错、增强希望、深化动机、捍卫核心价值、设定目标、倾听内心神圣的忠告——你的努力工作将使你再一次成为完整的自己，而所有的这一切始终依赖于你独特的创造力。

其实我们的日常生活中有许多简单的工具和资源，我们可以通过创造性的方式加以使用，以此保持个体的健康和完整。这些方法很简单，甚至我们会因此将自己的能力看作是理所当然，就像霍洛维茨叙述自己带着各种“专家”（包括她蹒跚学步的儿子）在城市里的十一次徒步所证实的那样简单。她的这次经历使她体验到了看待世界的独特视角，并“将她唤醒”。

霍洛维茨写道：“在完成了书中描述的徒步之后，我发现自己感到焦虑、也有高兴，并为自己寻常的短浅目光而感到谦卑。让我感到安慰的是，这种心灵的偏离正轨是大家都会遭遇的。我们视而不见，我们用双眼去看，但却只是轻轻一瞥，轻率地去加以考虑。我们看到了现象，却未能触及本质。我们是群明眼的盲人。”

下文介绍的灵性提升方式可以帮到你。你身边其实有很多随手可用的资源，它们就像厨房墙壁上的时钟一样，而这些方式能帮你对这些资源加以重视。我们能有创意地去利用这些资源，不仅可以提升利用率还能拓展它们的用途，就好比我们可以用马铃薯做食物，也可以把它拿来当燃料。我们所要做的只是改变自己惯常的眼光，换一种视角来增强自身对于创伤的免疫力。

大自然

大自然具有治疗作用。一系列研究结果显示，身处自然环境中可以有效减压、降低血压，并促进心血管健康。我个人认为，能证明大自然治疗效果的最好的证据就是：若是不能置身于阳光照射下，我们的身体便不能创造出人体必需的维生素——维生素D。顺便一提，维生素D实际上不是一种维生素，而是阳光直接穿透皮肤后身体产生的一种激素。你可以根据自己的需要补充牛奶（补钙），但身体仍旧需要户外活动。作家理查德·卢夫（Richard Louv）曾提出一个很棒的论点：我们都患有“大自然缺陷障碍”。一项著名的研究证实，仅是在医院的房间或办公室的墙上挂上一张大自然的照片，便能起到有益于身心康复的效果。从某种意义上来说，大自然显然有助于我们进行一些保持健康所需要的运动（散步、徒步旅行、跑步、割草、伐木等），无论是韦尔山（Vail Mountain）[①]、蒙托克（Montauk）海滩[②]还是纳帕山谷[③]（Napa）的葡萄园，这些自然景区是大部分人休息或度假的理想场所。大自然能让人心情振奋，任何一个患有季节性情感障碍的人都能证明这一点。在身处其中、体验大自然的过程中，

---

① 韦尔山，位于美国科罗拉多州，著名滑雪胜地。

② 蒙托克，位于美国纽约州长岛，海滩度假胜地，还有“世界钓鱼之都”的称号。

③ 纳帕山谷，坐落于美国加州北部，是美国著名的葡萄酒乡，是美国最大的葡萄种植地区以及葡萄酒产地。

人们通过暂时切断自己和俗务的联系，而重新和世界建立连接。置身自然中也能提高自尊心、降低抑郁、缓解焦虑。所以当我们需要改善身心健康时，我们需要利用一些自然疗法！

大自然提供答案。数十亿年前，自然母亲就已经演化出了应对自身难题的解决方案。因此，大自然中实际上充满了能解决我们人类自身问题的灵感。我曾读到过这样一个例子，非洲大草原的气温总是急剧变化，而在草原上生活的白蚁却能保持它们名为土丘的巢穴内部处于恒定的温度。白蚁筑巢的智慧也许可以对加热和冷却工业产生启发。工程师会前往大自然中模仿它们的智慧，这种方式被称为仿生学。

甚至耶稣也曾经在自然中思考问题。路加福音[①]第 5 章第 16 节中写道："他经常退到旷野、祷告。"两千年后，我们的生命依旧与大自然联系在一起。

大自然为我们提供灵感，帮助解决我们在关系中的困扰以及保持生活的动力。到目前为止，无论我先前看到过多少次，我依旧会为蚂蚁驮着食物移动的景象而惊叹。我对我家周围的蚁群表示敬佩，它们所做的事情是令人羡慕的，我想象着它们是如何通过简单的工作沉浸在当下的状态中。我们会因为脸书上猫狗彼此梳理的视频而感动甚至落泪，这也许提示着我们，也许我们应该尝试更好地了解那些和我们不一样的人，试着去爱他们。我可以继续列举一些例子，说明大自然为我们提供了答案。只要你能富

① 路加福音是《圣经》（*Bible*）新约的一卷书，本卷书共 24 章。记载了耶稣的出生、童年、传道、受难、复活。

有创造力地去观察，你便能有所发现。

大自然是谦卑的。我第一次去洛杉矶的时候，飞机在洛杉矶国际机场降落的时间实在是太漫长了，我打开遮光板、看着飞机着陆。下面的地表昏暗，拉长了城市天际线上的阴影，在这清澈、充满魔力的背景中，星星在我头顶闪闪发光。我想起了自己一直以来将身边的美和自然奇观视作理所当然。像你一样，我整天忙着完成一个任务或开始另一个任务，很少看清自己面前的是什么。事实上，我们是偶然存在于一个在无限空间中漂浮的巨大岩石上的。这感觉真的很奇妙！当我想到宇宙的时候，我日常关心的事情突然显得非常渺小。

我另一次产生谦卑感是在泥土中作画时。我当时发现了一块石头和一根棍子，突然感受到一股压倒性的冲动，想在地面上画画。我就着地面蹲了下来，开始正念，围着岩石画圈子，就像在沙滩上玩的小孩那般放松。上一次在泥地上玩玩具车至今已经过了很多年，现在我已是一名成年女性，我发现自己很怀念这种简单的快乐。我还没有变老。

大自然无条件地爱着我们。大自然吸引着我们的感觉，而给予我们的只有无私的服务。这也是为什么谢尔·希尔弗斯坦[①](Shel Silverstein) 创作的悲剧故事《爱心树》（*The Giving Tree*）总能让我热泪盈眶，并且让孩子吃惊而困惑，他们难以想象（但

---

① 谢尔·希尔弗斯坦，一位享誉世界的艺术天才，集诗人、插画家、剧作家、作曲家、乡村歌手于一身。被誉为20世纪最伟大的绘本作家之一，绘本包括《失落的一角》（*The Missing Piece*）、《失落的一角遇见大圆满》（*The Missing Piece Meets the Big O*）、《爱心树》（*The Giving Tree*）。

直觉上明白）为什么这棵树会变成一个树桩。大自然也是我们的发源地，正因为我们是它的一部分，无论我们做什么，它都会爱着我们。天文学家卡尔·萨根（Carl Sagan）曾说，我们是由恒星的材料制成的："我们DNA中的氮、牙齿中的钙、血液中的铁、苹果馅饼中的碳，这些都是在塌陷的恒星内部所制成。我们是由恒星的材料制成的。"

那些可以通过对星辰浩瀚历史的兴趣来忘记自身忧虑的人将会发现，当他从客观世界中远足归来时，他已经获得了平静和自在，这使他能够以最好的方式应对自己的烦扰。

——伯特兰·罗素（Bertrand Russell），

《征服幸福》（*The Conquest of Happiness*）

通过帮他人提升灵性来帮助自己

众所周知，为了种植一种植物、让其生长得更加茂盛，我们需要给它浇水并予以光照。但是也有科学证据表明，对植物说些好听、积极的话甚至是称赞它，将有助于它的蓬勃生长。我们对他人的影响也是如此。我最近听说了一位在养老院中孤独老人的故事，他告诉自己的护理人员，只要能听到孩子的笑声，他甚至愿意拿自己尚好的膝盖相抵。于是这名工作人员安排她孙女的托儿所组织了一次班级旅游，来看望那些老人们，让他们开心。那位老先生幸福地哭了。

餐厅女服务员卡米尔（Camille）是一名接受政府援助的单身母亲。在她的旧车出了故障后，她需要两百美元才能让车重新上路。所以卡米尔每天步行上班，脸上保持着微笑端茶送水，有时候工作了八小时才回家、口袋里却只有三十美元。后来她的常客，一位六十多岁的鳏夫，给了她两百美元的小费。他打趣道："卡米尔，这是给你的小费，你去把你的车修好。"

我们对这样的故事向来受用，因为这些故事提醒我们人们是善良的，大多数时候我们对他人甚至是陌生人都很好。我们是相互连接的，善良和慷慨的行为以及某种方式的奉献，不论其大小，都能将健康的、充满活力的能量带回宇宙中去。当宇宙感觉良好时，我们都能受益，那就是我们收获最为丰富的时候。

当我们帮助别人完成某些事情的时候，我们也能将事情做好。我明白这个道理，是因为我已经是很多慷慨行为的获益者了。如果不是仁人家园为陌生人建造房屋的善举，我可能不能走到现在的位置。如果那些慷慨的志愿者认为我的家人应该为自己奋斗，我们最终会流落街头吗？然而我们的流浪和饥饿不会以任何方式帮助到别人。我们将成为政府的蠹虫，变成五个失学儿童、最终成长为愚昧的人。相反，仁人家园的工作人员给我们兄弟姐妹提供了留校和学习的机会，并让我们有了一个家，能在冬天取暖，在一起共进晚餐。

据罗伯特·安东尼博士所说，"给予帮助是关于成功的一个鲜为人知的秘诀……如果你是主管、经理或老板，若能协助那些下属走向成功，你自己就会变得更加成功。如果你是老师，能够帮助学生获得成功和你自身的成功成正比，你需要向他们展示如何获得他们想要的结果、而不是你想要的东西。当我们学会帮助他人时，任何关系都可以发展壮大。"

我们不必通过发放现金或在慈善活动中担任志愿者来表现出

自己的仁慈。只要去行动即可，我们可以给他人以支持。最近，我又一次开会迟到了，我感觉很尴尬。这个会议在一小时前就应该开始的。当我疯狂地冲进餐厅，向我的同事连连道歉。我为自己让他等了那么久感到恐慌。“没关系的，冷静点，梅丽莎，”他冷静地说道，“冥冥中注定了我们要推迟见面。我刚刚吃了一些东西、读了一篇我一直想读的文章，这一切都好极了。”他成功地说服了我，让我的内疚得到平复，甚至我还认为也许他应该感谢我。“只有一点，”他说，“把爱传出去。下次有人要是办砸了什么事，请帮他们缓解痛苦。”

当我们表现得友善时，我们能让他人感到振奋，使他们感到自己很重要、富有活力，有能力改进自己、获得成长。我们提醒他们和自己，我们都有缺陷和不完美，没有人能免受责问或是应当被评判。

让慷慨流动在你的心里

能够回馈或帮助朋友或家人的感觉真好，这不仅仅意味着非得在他们的低谷时期雪中送炭。慷慨的行为可能是帮一个想要开创属于自己的美容事业的朋友建立人际网络；或者介绍有相同处境的两人相识，比如同样需要面对家中特殊需要儿童的家长们。我发现，即使只是作为中间介绍人，这也让我感觉自己已向朋友和家人表明我对他们的重视和关心，即使我正忙于手头的工作，我也能做到这些，毕竟发送一封电子邮件或是用手机分享联系人名片所需时间连一分钟都不到。

你可以试着去发现能让他人感到特别的方式，以此练习自身的创造力。我曾经在美甲沙龙中为一个陌生人打气加油，也曾拥抱过一名刚认识的调酒师，她因为孩子犯了法正在苦恼。我有时忍不住想要这么做，给有需要的姐妹们及时施以援手。或是在万圣节和圣诞节期间，扮成“小精灵”在朋友的门口留下匿名的礼物袋。你会觉得仿佛是你自己的信箱里装满了巧克力一般，这感觉真是棒极了！

这并非什么独特的想法，但也许在技术泛滥的当下，这真的可以让某些人感到吃惊：通过邮寄的方式发送卡片。嗯，真的要花邮费。谁不喜欢收到信件呢？除非信是来自于信用卡公司，这还能帮助那些邮局的工作人员提升就业率。在痛苦经历的旅程中，可能会有这样一群曾经支持我们的人，我们知道自己永远难以还清他们的恩情。但我们仍然可以做一些小事，比如邮寄卡片、扮演“小精灵”、给予一个额外的拥抱或发一条短信，告诉我们的亲友团，我们爱着他们，尽管现在我们已经走出困境，但在幸福的日子里依旧需要他们相伴。我们都应该像史提夫·汪达[①]（Stevie Wonder）在歌中所唱的那样，只是打电话说“我爱你”。

赞美也是可以大有裨益的。予人赞美可能是我最喜欢的消遣之一。你不知道一个人在那天或那周可能遇到了什么样的困难，而赞美则指明了这个人的积极特征。“我们可以给别人最棒的礼

① 史提夫·汪达，美国黑人歌手、作曲家、音乐制作人、社会活动家、盲人。作品曾多次获得格莱美奖。

物之一，就是让他们看到自己的伟大，发现自己从未意识到的潜力。”安东尼博士写道。奇妙的是，这种无私奉献也伴有自利的成分。当我们帮助提高他人的自信心时，我们也在增强自己的信心。通过鼓励和强调别人的优势，我们满足了自己对爱的需求。积极行动引发积极反应，无数的积极反应就此产生，它在大脑中创造了一个令人难以置信的反馈回路。根据知名的神经科学家，威斯康星大学麦迪逊分校健康心理中心的创始人理查德·戴维森(Richard J. Davidson) 博士所说，“要想改变与健康相关的大脑回路，其最有效的策略就是变得慷慨。”我决定在自己身上验证一下。我听说了一项名为《29 个礼物》（*29 Gifts*）的活动以及同名书籍，买了这本书并在乘坐飞机时阅读。作者卡米·沃克尔(Cami Walker) 本身绝对是一个奇迹和鼓舞人心的存在。结婚一个月后，三十三岁的她被诊断出多发性硬化症，她不断在洛杉矶医院住院出院、与神经病症斗争。她几乎不能走路，也承受着来自婚姻的巨大压力。她的消极想法每天都在持续：

“我将一辈子坐在轮椅上。我彻底完了。为什么这样的事会发生在我身上?”

一位名叫姆巴利·克雷亚佐（Mbali Creazzo）的南非女医学生给了她一个建议，卡米确信自己收到了关于她生活的处方：用二十九天送出二十九件礼物。

姆巴利告诉她：“通过给予，你将专注于自己需要为别人提供什么，这种状态会给你的生活增添更多的丰富性。”

礼物可以是任何东西，可以是一个行为、一句话、一个有实体的礼物，但是这个赠予必须是有目的和真实的。至少这件礼物必须是卡米认为在自己生活中也是稀缺的物品。

卡米的确是如此行动的。在她的银行账户中没太多钱的时候，她将自己多余的钱捐出。当她感到沮丧和为她的疾病而犹豫时，她去安慰了一个也患有多发性硬化的朋友。其他的包括打电话、提供纸巾等举动，虽然简单，却让卡米拥抱了给予和获取这一自然过程，让她发生了巨大的转变。到了第二十九天，卡米有更多的力量可以独立行走，并同时受到咨询工作的招揽，与丈夫之间的沟通更加通畅，也变得更开心、更健康了。她的这一经历让我想起了帕特·隆格关于提升振动的论述。你做了好事，发现自己得到了提升，并且吸引了更多在更高层次等着你的好事降临。

面对这个新发现的生活补救法，卡米深受鼓舞，她组织了一个线上活动（网址是29gifts. org)。在我的日记里，我记录了自己在白天有意去做或去说的事情。这项记录能帮我根据自己的价值观来评估自己的生活方式，并试图给别人带来快乐以及和他们建立联系。当然，你可以在网站上了解更多的方式、去安排属于自己的时间，让你的生活以及你的心中充满积极的振动。

当我做得很好时，我觉得很好。

当我做得不够好时，我感觉很糟糕。

这便是我的宗教信仰。

——亚伯拉罕·林肯（Abraham Lincoln)

感觉与行动

触觉

肯·威尔伯（Ken Wilbur）在《意识光谱》（*The Spectrum of Consciousness*）一书中写道："对于每一个心理'问题'或'心结'，都有相对应的躯体郁结，反之亦然，事实上，身体和心灵密不可分。"因此，你的耻辱、内疚、悲伤或压力可以卡在你的身体中，就如同卡伦·法伯（Karen Farber）博士描述的"身体记忆"那样。当遭受困境的情感痛点通过按摩被有效触及时，不仅可以释放身体的痛苦，也可以帮助寻找情绪痛苦的根源。

如果你感觉到了什么，让人们知道你感觉到了它。那些冷漠的没有任何情绪呈现的脸不会让你产生厌倦吗？如果你感觉想笑，就笑吧。如果你喜欢某人说的话，就上前去给他一个拥抱吧。如果你觉得这是正确的，那么这就会是正确的。

——李奥·布斯卡格利亚（Leo Buscaglia）博士

"按摩治疗让我得以引导人们，并赋予他们属于自己的疗愈能力，"康复治疗师丹尼尔·瑞欧斯（Daniel Rios）是这样解释的。他是知名机构加尔尼蒙托克海水Spa度假酒店的治疗师，同时也提供私人治疗。触摸是一种普遍的沟通和关怀形式。在大自然中，灵长类动物一旦受到伤害会马上去抓自己疼痛的地方。相同的灵长类动物会将10%到20%的清醒时间用于相互抚摸梳理。

我们并非如此幸运。引用加利福尼亚大学伯克利分校的至善科学中心创始人及心理学教授达赫尔·凯特纳（Dacher Keltner）博士的说法，西方文化就不鼓励人进行触摸。然而，在东方医学中，触摸是一种治疗方式，重点在于过程中的能量转移。

请不要再误以为按摩只是一种令人感觉良好的自我颓废，或只是为那些有太多的闲钱或空闲时间的人准备的。相反，梅奥诊所的专家认为，按摩可以成为一种强大的工具，能帮你掌握自己的健康和幸福，无论你是处于哪种特殊的健康状况、还是只希望减压。在家里自我按摩或是与伴侣相互按摩也是不错的选择。人们还可以通过脊椎按摩师、理疗师、格式塔治疗师、罗尔夫按摩治疗师、亚历山大技术、水疗治疗师、按摩治疗师、武术老师和太极教练等，来按摩那些需要触摸的部位。

凯特纳博士解释说："对触摸的适当运用真的有可能改变医学实践。"研究表明，对阿尔兹海默病患者进行触摸可以在很大程度上帮助他们放松，与其他人进行情感联系，并减少抑郁症状。

凯特纳博士在他发表的文章《研究中的双手：触摸的科学》（*Hands On Research*：*The Science of Touch*）中引用了触摸研究领域的领军人物蒂凡尼·菲尔德（Tiffany Field）的研究，研究发现按摩治疗减少了孕妇的疼痛，并减轻了孕妇及其配偶的产前抑郁。凯特纳博士写道："加州大学伯克利分校公共卫生学院的研究发现，从医生那里获得眼神接触以及在背上轻拍一下可能会提高复杂疾病患者的生存率。"

菲尔德还发现，每天接受十五分钟触摸治疗的早产儿在五到十天后比起接受标准治疗的早产儿的体重增加了47%。

据凯尔特纳博士所说，“触摸甚至可以作为治疗最难治孩子的方法：蒂凡尼·菲尔德的一些研究表明，我们此前普遍认为自闭症儿童讨厌被触碰，但实际上他们喜欢被父母或治疗师进行按摩。”

触摸非常重要，我们需要触摸自己所爱或是产生共情的人，或是被他们触摸。对于这一点，你不必感到羞耻或是尴尬。当我们不再对自己的生理需要视而不见的时候，我们便可以提升我们的灵魂了。

声音

你会在快乐时哼出声、在工作时吹口哨，或是在伤心时听芭芭拉·史翠珊[①]（Barbra Streisand）的歌吗？也许你喜欢禅钟或铜锣的声音，甚至是白噪声机的声音。我孩子刚刚出生那会，凌晨时分为了安抚他，让他从尖叫状态回到睡眠中，疲惫而绝望的我开始哼起一个双音重复的调调。现在，即使他已经长大了，但如果我哼出这个调子，他也很快会睡着（当然我还会抚摸他的背部）。他并没有回忆起自己作为婴儿时听到的哼声，但这方法屡试不爽。而且你知道吗，这个哼声也能给我带来抚慰的感觉。这

① 芭芭拉·史翠珊，女艺术家，无论是音乐、电影、电视、百老汇戏剧舞台，还是演唱、词曲、表演、编剧、导演、制片等方面，都取得了极高的荣誉。是至今唯一一位同时拥有奥斯卡奖、托尼奖、格莱美奖、艾美奖、金球奖多个权威奖项的艺人，并且被电影界美国电影学会AFI和音乐界格莱美分别授予终身成就奖的艺术家。作品有《往日情怀》（*The Way We Were*）、《拜见福克一家》（*Meet The Fockers*）等。

听起来很有治疗价值，然而其中其实并没用到什么新的技术。

在《今日门诊护士》（*Today's OR Nurse*）杂志的一篇文章中，卡罗尔·希莉娜（Carol L. Cirina）论述了音乐对等待手术的患者具有显著疗效。令人惊讶的是，患者的失控、疼痛、残缺和面对未知所引发的焦虑和手术的严重性无关。但面临手术所产生的焦虑这一副作用，包括血压升高、呼吸急促、颤抖、不安、肌肉紧张和疲劳，都可能对手术和恢复存在负面影响。

通过触摸和气味来提升灵性的方法

- 爱抚你的宠物
- 嗅闻孩子皮肤的香气
- 拥抱
- 买一瓶你祖母曾用过的香水，再闻一次这个味道
- 烘焙曲奇
- 点几支香薰蜡烛或焚香，喷洒一些精油
- 注意在暴风雪来临前，壁炉以及空气中散发的气味
- 在握手时，抓住对方的肩膀
- 去舞厅跳拉丁舞
- 一定频度的性生活
- 每次消费再多花十美元，在做足疗时加上足部按摩

希莉娜在文中报告说音乐治疗作为一种为患者在术前、术中和术后进行放松的技术，可以有效地管理、减少及预防不良

后果。

但并不是所有的音乐效果都是相同的。“对音乐的反应取决于音乐和听众，”希莉娜写道，“个体对音乐的个人偏好和既往的经验起着重要的作用。”根据希莉娜的说法，音乐的节奏在音乐治疗中也起着较为客观的作用。“音乐的效果取决于音高（声波的振动次数）和节奏（每分钟的节拍数）。”

我们早就明白，高音会造成心理压力，而低音可以通过刺激副交感神经，降低心率、血压和呼吸的频率来帮助放松。

然而不仅只有音乐能使我们的听觉放松。环境的噪音、沙沙声、不稳定的声音、剪下一缕头发的声音、铅笔草草书写发出的平滑声响，甚至是女人的指甲在盒子上轻拍的声音：这些声音可以引发出人们所描述的头痛或是完全放松的感觉。这感觉像一阵波一样袭来。有一次我在银行，当客户经理在翻动文件柜里的文件发出沙沙声时，我体会到了这种感觉。这仿佛是一波沉重的静电冲刷在我的身上，我漂进了平静的空气之海。这种感觉很奇怪，因为我当时希望她永远不会停下来。感谢上帝，现在我知道了，数以百万计的人曾有过类似的经历。它的专业名称是自主感觉经络反应（autonomous sensory meridian response，ASMR），它的提出者认为，尽管目前科学上未经证实，这种反应可以带来一些治疗性的益处。ASMR 并不局限于听觉体验，它可以是对视觉、听觉、触觉、嗅觉（对气味的感受）或对认知刺激的反应。

现在你只需要在网上搜索 ASMR，就会查到成百上千的相关视频，内容从快速喝下冰冷的苏打水到去看医生的人，无所不包。人们习惯于使用视频和音频，这已然形成了一种新兴的亚文化，每日都在触动全世界数百万陌生人的神经。观众和听众们报告了自身的 ASMR 效应，包括缓解失眠、焦虑或惊恐发作。我曾看了一些 YouTube 视频，这些真的有用！医学博士史蒂文·诺维拉（Steven Novella）是耶鲁大学医学院助理教授，也是名杰出的神经科学家，在他的博客“神经病学者”（NeuroLogica）中简要介绍了 ASMR 这一主题。他认为 ASMR 很有可能是真的存在，该现象的神经性诱因从局灶性癫痫到电路演化反应均有可能。

视力

重复观察是一种很棒的正念练习。心灵修行者梅丽莎·哈里斯将其描述为在一天或一年的不同时间里访问同一场景。米歇尔告诉我，她在公婆家的夏日小屋和家人一起度假时就在练习重复观察。

“我们的房子坐落在山顶上，俯瞰派克尼克海湾，”她解释道，“在这个夏天里，我们每天晚上都会坐下来看夕阳。这个仪式是如此神圣不可侵犯，即使是四岁和五岁的孩子都能清楚地知道前往天台的时间，这个天台位于在海滩上方三十米的地方。我和我丈夫是在一个冬天在那里订婚的，当时他单膝跪地向我求婚，我永远不会忘记那天太阳在天空中的位置。”

“重复观察不仅使我们更亲近这个星球的美丽奇观，而且还能让我们整个家庭聚在一起享受每一次的美好时光。所以在某种程度上，我们每个人都在重复观察。这就像是你永远不会厌倦的某部电视剧或某支经典歌曲。每一次欣赏，它都是不一样的，就像一朵雪花一般，我们很幸运能从祖辈手中继承现在这个家。”

重复的观看让你的视野更加开阔，并且它能训练你，使你养成对于原本习以为常的事进行重复观察的习惯，对象可能是熟睡的婴儿、坐在摇椅上的祖母，或是在一场大型比赛前跑到场上的球队。每一次重复观察，对象都会变得更清楚、更加有所不同、更激动人心。我们需要牢记这些对象总是在不断变化着的，保持谦恭的观察态度。

艺术治疗

写作治疗

写作是正念的另一种方式，我们通过对事情进行观察、然后放下它，从而为更健康的情感生活留出空间。在写作过程中，我们会看到一些线索，提示自己生活中带来舒适感或剥夺舒适感的对象。著名正念导师戴伟吉（Davidji）解释说，在正念过程中，关系和主题会逐渐显现。我发现这在写作中得到了充分验证。戴伟吉用他催人入眠的声音解释道："作为一个沉默的见证人，作为你所有行为的观察者，日复一日地，你会了解是什么真正在滋养你。你得到洞察，了解自己应该朝向哪个有意义的方向、而哪个方向对你来说应当远离。你将明白什么是舒适，什么并不舒适，而在最平实简单的层面上，你开始靠近那些适合你的环境，并远离不适合你的位置。你会和那些能够温养性情、培育身心以及能够予以支持的事物更靠近，联系更紧密。"

在一项心理学研究中，另一个常见的主题是写作中所表现的观念和正念中的表现极为相似。例如，索尼娅·柳波莫斯基（Sonja Lyubomirsky）博士和坎农·谢尔顿（Kennon M. Sheldon）博士在他们的研究中发现，那些会写下自己未来最佳可能性的被发现能获得更多的健康收益，并具有更高的制定和实现目标的能力。也有一种正念是专门基于这一点展开的。

无论你现在正处于痛苦经历的哪一个阶段，写作都将帮助你保持你的精神状态。

在你写作的时候，不要去想会有别人读你的文章，这不是试图给人留下深刻印象的时候。你只需审视并探索内心的想法和感受，并将其记录下来，除此之外没有其他的目的。书写的内容包括和他人的对话或你和治疗师会面后进行的思考。如果有些事情太难写，你只需记下发生事件的清单即可。但请不要停下来。像所有的练习一样，写作治疗必须每天都要进行。一般来说，如果是为了追求创意或出版，应该每天进行写作。不要因为你这一天很忙或者你很累就跳过这一天。把发生的事情写下来，然后熄灯睡觉。

诗歌治疗

黛安·莫罗（Diane Morrow）在成为英语老师之前，曾是一名医生，她将写作作为一种治疗方式渡过了自己最痛苦的时光。她现在运营着 writingandhealing. org 这个网站。这是一个很酷的网站，它邀请读者在一年的时间里根据黛安的建议书写下他们疗愈的过程。黛安在她的网站上推荐了一些能带来疗愈和安慰的诗。我本人并不是一名诗人，也并非诗歌爱好者，但那些美妙的诗句唤起了我对诗歌的热爱。以下是一列让我能产生共鸣的名单，也许可以鼓励你去编制自己喜欢的诗歌名单，或尝试自己动手写诗。

那些能带来疗愈的诗歌

《昨夜当我入眠》(*Last Night As I Was Sleeping*)

《大自然的安宁》(*The Peace of Wild Things*)

《茵梦湖的湖中沙洲》(*The Lake Isle Of Innisfree*)

《强奸妇女之岛》(*Island of the Raped Women*)

《保持安静》(*Keeping Quiet*)

《我想要的》(*What I Want*)

在艰难时期能提供陪伴的诗歌

《家庭旅馆》(*The Guest House*)

《相互阅读的仪式》(*A Ritual to Read to Each Other*)

《卫星电话》(*Satellite Call*)

《满怀》(*The Armful*)

《咒语》(*The Spell*)

《和悲伤对话》(*Talking to Grief*)

《甜蜜》(*Sweetness*)

用新的方式看待这个世界的诗歌

《野雁》(*Wild Geese*)

《看黑鸦的13种方式》(*Thirteen Ways of Looking at a Blackbird*)

《谁知道呢，也许月亮是》(*Who Knows If The Moon's*)

《雪人》(*The Snow Man*)

《他装满票据的浴袍口袋》(*His Bathrobe Pockets Stuffed with Notes*)

《夏天》(*The Summer Day*)

“正念训练”＝正念＋锻炼

“直到我开始练习普拉提，我才真正了解到拉伸的重要性。”米歇尔告诉我说。我们知道在本章中我们无法避免讨论运动这个话题，因为这是一个科学的事实，运动在各方面都对我们有益，而米歇尔对普拉提的热情让我想更多地了解这项运动是如何提升她的精神的。在各个方面，包括从身体健康到大脑健康再到疾病预防，运动都是关键性因素。但是以某种形式，或是通过某种特定的方式，体力活动也可由于进行正念。正念＋运动，这就是米歇尔对普拉提的定义。“因为这项运动将核心肌群的强化和强调身体的拉伸相结合，这是我现在正在坚持的唯一一种也是最重要的锻炼。经过每一次的练习，我知道我已经提高了自身抵抗损伤的能力，并随着年龄的增长，我开始更加重视老化以及肌肉强度，而不仅仅是体重秤的读数。”

米歇尔告诉我，在她自己尝试的过程中，有那么一些时候，在运动修身器（锻炼者在此器械上进行抗阻力移动）上的重复动作以及练习引发的激素释放让她感觉身体更加趋于平衡态。“除了锻炼带来的明显益处之外，更有意义的是，这是我每天都会进行的唯一一种运动，我坚持了超过三年。我从未破坏和自己的这个约定，而这个过程真的提升了我的精神力量。伊丽莎白·吉尔伯特在她的作品《奇妙魔法》中说我们应该拥有自己的事业。我的普拉提课程就是我的自身事业。我为了坚持这件事克服了很多障碍，因为我知道当我完成的时候，我会感觉非常好。”

美国纽约州格伦湾（Glen Cove）普拉提工作室的创始人兼所

有者玛丽萨·米努托里（Marisa Minutoli）十多年来目睹了客户在情绪、身体和精神上的转变。“我曾有些客户，他们遭遇过可怕的事情，并将普拉提作为一种正念方式。因为这些练习是重复的，重复本身就会缓解压力。”米努托里解释道，“第二个好处是通过运动和出汗能显著提高体内的内啡肽水平，让你感到开心。”

米努托里在十六岁时经历过严重的背部问题，此后她成为一名导师。年轻的玛丽萨突出的椎间盘多达三个，为了治疗如此严重的症状，她采用了一些危险的（现在已经不在市面上出售）抗炎药物治疗。她每天需服用十二粒布洛芬（一种止痛药），并必须卧床休息。当她的同龄人在过青少年的生活时，玛丽萨正在准备接受危险的手术和长时间的术后恢复。她的叔叔建议她练习普拉提。尽管当时普拉提还不是很流行，她还是去尝试了这项运动，三个月后她便不再服药。一年后，她不再感到疼痛、行动灵活迅速、身体强壮。她再也没有做过之前计划的手术。

尽管讨论背痛的问题似乎和本书的主旨无关，我们还是需要注意情绪痛苦的经历会影响到背部的感觉。约翰·萨诺（John E. Sarno）医生的作品《治疗背痛：身心的联系》（*Healing Back Pain: The Mind - Body Connection*）可谓是该领域的开山之作，也很好地印证了这个理论。处于压力状态的人最常见的关于身体的抱怨是就是背痛和头痛。当你通过练习普拉提来拉伸背部时，你可以帮助保护自己的中枢神经系统免受你正在面对的心理或情绪创伤的影响。《终结背痛》（*The End of Back Pain*）的作者、神经外科医生帕特里克·罗斯（Patrick Roth）的工作便是给患者进行脊柱手术，但在他的书中，他呼吁背痛的患者在找他看病之前先尝试一系列其他疗法。其中一种疗法就是普拉提。

“当我受到压力时，我的背痛就开始困扰我，所以我就去练习普拉提，随后我的压力和背痛就都消失了。”米努托里说，“当你感到痛苦时，你会陷入抑郁。但普拉提拉伸扩大了你的椎间盘的间隙，所以在一堂课结束后，除了精神上的放松外，你也会体验到躯体上的疼痛缓解，这些都能减轻你的抑郁症状。”

在普拉提中，拉伸练习至关重要。事实上，最新的一项研究发现，能够让自己站起而不用手臂或膝盖反推地面可作为寿命的一项预测指标。“这个动作和核心肌群、灵活性及力量相关，”米努托里说，“拉伸可以缓解人们每一天都处于紧张状态的肌肉，这种紧张会拉扯你的身体，因而柔软的身体能帮你感觉更加轻松。在拉伸过程中会促进供氧过程。在我身上，我感到自己的大脑似乎打开了。我不断进行深呼吸。为了正确地锻炼到核心肌群，你必须同时呼吸和进行核心运动。”

锻炼“百分之一千万可以帮你渡过痛苦经历”。对此米努托里有着亲身体验。她告诉我，在母亲去世后，她的工作室是她唯一让自己感觉自由的避难所。“当我有点伤心时，我能得到最好的锻炼。”

你可以自由选择普拉提或其他任何锻炼方式，不过这一节想让你了解的，是通过选择一种练习方式，让你能控制呼吸、进行拉伸并专注于身体的柔韧性，挥洒汗水并锻炼核心肌群，和他人建立联系，并尽可能享受这个过程。通过这些行为来照顾自己，你可以建立一个内在的避难所，当你需要撤退时，你知道它就在那里。

我们将不会衰败：真正的秘密

我们所能体验的最美丽、最深刻的情感就是神秘的感觉。那些从未接触过这种情绪的人，那些不能保持好奇和敬畏之心的人，和死人没什么两样。

——爱因斯坦（Albert Einstein）

我亲密的作家朋友、小说家、聪明过人的奥利维亚·拉普里奇（Olivia Rupprecht）正在和我谈论我的朋友艾莉森对她所患癌症的特殊经验和看法。尽管艾莉森的力量和乐观情绪相当具有感染力，我仍然不太清楚她具备了哪种我们大部分人所没有的品质。

“我知道这种感觉，”奥利维亚告诉我。“我丈夫的姐姐克里斯也在面对她生命中最大的一次挑战时提升了自己的灵魂。”与此同时，奥利维亚告诉了我克里斯的故事，这是一个许多照料者耳熟能详的故事。下文是奥利维亚写的一封电子邮件，她慷慨地允许我们在这里进行引用。

克里斯的故事

当姐姐克里斯对我说出“阿尔兹海默症或其他晚期痴呆症”这个诊断时，我对于这个曾经“造访”过许多老龄化的家庭的大自然残酷使俩有了新的认识。

我的母亲拉范娜（LaVerne）今年九十三岁，尽管她身体健康得让人惊讶，但她一度清楚的头脑却在这段时间持续恶化。根据克里斯的原话，她和我的姐姐一直“情同姐妹”，尤其是在拉范娜真的开始努力和病魔抗争之后，她们的关系开始变得如此亲密。

随着时间的推移，克里斯看着拉范娜的状态每况愈下，原本她几乎能想起每个准确的日期，甚至能说出只遇到过一次的人的生日，到后来她开始记不起日期，甚至在上午四点就穿戴整齐地在她的公寓里等待吃早餐。她曾经非常喜爱绘画、针织及其他工艺，这些对她而言都变得越来越难以尝试……或是记住如何进行。烹饪、阅读甚至是签名这些基本技能都在不断衰退，直到有一天，她的三个孩子认为母亲需要全天候的亲自照看，或是由他们的其中一个照顾，或是交由全日制的痴呆患者照料机构管理。

克里斯是一名教师，最近刚刚退休，她不像其他两个弟弟妹妹还有五到十年的时间才退休。她的儿子们已经长大成人，她能偶尔和朋友一起郊游或是出国旅行，享受到自己辛勤工作的回报。在拉范娜的孩子们做出决定之前，她刚刚在佛罗里达州买了一个小公寓。当时克里斯毫不犹豫地说：“我会照顾妈妈的。”就是这么简单。然而，事实并非那么简单。她必须牺牲和改变自己的生活方式，为了照顾在威斯康星州住了九年、如今不得不搬到科罗拉多州居住的母亲，她必须放弃新的公寓、放弃自己的独立性以及除了送母亲到日托中心之外的任何出行计划。

这种疾病的发展进程是不可预测的，观察一个人被这种疾病榨干的全过程是一件非常可怕的事情，即使你只是远远地看着。但克里斯没有抱怨，而是帮妈妈洗头、擦身，为了保证她的病情稳定安排定期检查，帮她更衣，开车带她上山，带她看过去的照片，帮她一次又一次地回忆起过去。克里斯告诉我："我曾问自己，为什么我在处理混乱的婚姻问题时没能像现在的我一般处理？为什么和孩子在一起的时候，我没能像现在我对她一样，或是在更年轻的时候发现有这样的方法能更好地应对一些事？我不知道，但我明白了这一点：作为母亲的守护者，和过去的我相比，现在的我已是自己最好的状态了。这听起来似乎很疯狂，但就像我讨厌看到妈妈这样恶化一样，我感到了同样程度的感激之情，感谢这段经历让我变成了更好的自己。"

我仿佛是爬上了珠穆朗玛峰，并从一些伟大的禅师那里得到了关于觉察力的礼物。

几个月前，拉范娜不得不搬到记忆照料之家，那里的护士和工作人员能够提供她需要的帮助，而克里斯并不具备这样的专业资格。我认为这次搬迁对克里斯来说更加难以接受，因为拉范娜再也不认识这个放弃了三年私人生活没日没夜照顾自己的女儿了。克里斯花了一段时间接受了一些恢复性的自我照料，她当时确实需要也值得这样一段时间去自我调整，不过即使在这段时间，她也几乎每天都去看望母亲。这是一种奉献和爱的行动，我不知道我是否具备这样的毅力和能力来做到同样的事情，但是我渴望自己能够做到。同时我相信，假如我们知道，疾病有可能发生在我们任何人或我们的亲人身上，包括阿尔兹海默症、癌症或一种可能在年轻时就患上的衰弱性疾病，这些疾病看似毫无意义、不人道、没有价值，其实它的存在是有目的的，那么我们便能保持希望。如果我们能够通过一些不可思议的方式找到最好的自己，那么我们在这个经历中还是能有所收获。

我在阅读奥利维亚的电子邮件时产生了一个顿悟。艾莉森和克里斯在经历了完全不同的风暴之后，都获得了一种令人愉快而危险的情绪——敬畏。

2007 年，著名神经心理学家保罗·皮尔索博士，在他的第十九部、也是最后一部作品中，梳理了他对于敬畏的毕生研究，他认为敬畏之心是人类情感中最强烈而美好的、但也是令人不安、超然而可怕的。他也认为我们很幸运能够拥有体验敬畏的天然倾向。

“那太好了，请赐予我这种可怕而悲惨的感觉吧!”这听上去似乎有点疯狂，特别是我们现在正努力成为完整的自己。但请试想一下，我们通常视作正常的情绪，比如爱、恐惧、悲伤、尴尬、好奇、骄傲、享乐、绝望、内疚和愤怒，很容易把我们带向消极，而且不一定能引领我们理解生命的意义。皮尔索博士的行动就像是给我们打了一个紧急电话，告诉我们，他知道如何寻找目的和意义，我们可以自由决定是否要通过神秘的敬畏之情去体验生活的方方面面。

“这不像其他的情绪那样，”他在书中写道，敬畏是“我们所有的感觉都卷入了一种强烈的感受之中。你不能将其仅仅定义为快乐、悲伤、害怕、愤怒或是希望。相反，你会体验所有的这些感觉，但矛盾的是，这些体验难以明确定义，甚至不具有任何容易描述的情感。在敬畏感面前，此前我们可能拥有的任何单一的情绪都黯然失色，而至今为止我能做出的最好的描述就是：无论我们的大脑认为所发生的事情是好是坏，至少我们在感到敬畏之时，会感受到一种超乎想象的、彻底纯粹的存在感。”

在我看来，敬畏和正念觉知很相似，除了前者会鼓励你去努力思考、多多益善。当你感到敬畏的时候，无论是像皮尔索博士那样——他的儿子在出生时遭受着大脑麻痹的折磨、但还是奋力求生，当他怀抱着这个新生的婴儿时，他经历了第一次敬畏；还是你看着落在自己手臂上的蝴蝶、和它一起静静停留了很久的那种感觉，敬畏之心希望你能记住这些时刻，以及心中无与伦比的强烈惊奇和畏惧。此后，敬畏之心可以让你如此专注于这样强烈的时刻，以至于你会将其深深印刻在自己的灵魂上，你永远专注于这个事件，并去思考它对于你的存在、你的生活轨迹、你各项选择的意义所在。

皮尔索博士说，我们通常会忽视自身的敬畏反应，因为我们害怕这种不舒服的感觉。相反，我们会选择变得快乐或悲伤，这两种情绪和相关体验都转瞬即逝。但是，敬畏的本质就是需要反思，否则它就不会再给我们提供信息，告诉我们为什么在这里、应该如何生活。“敬畏这种情绪旨在帮助我们了解生活是神圣与恐怖的综合体，它比我们所能想象的更好、也比我们所害怕的更糟，充满意义却又转瞬即逝，而我们正是从这种矛盾之中进行体验和学习。”

本章节主要讨论如何提升精神，每一次讨论这个话题都会让我们动用起自己的感官：包括倾听内心直觉、停止普通的看法、把自然视为我们的延伸、在通过艺术和运动来滋养灵魂的同时更好地使用自身的身体感觉。如果我们可以选择更“开放”而非闭塞的生活，以此将所有这些要素提升到更高的水平，能考虑生命的意义，直至自己感到不确定、奇怪并兴奋，那么我们将消耗更少的精力去试图摆脱自身痛苦，并彻底投入生活本身。

在《观看风暴》这一章中，我们谈到了接受自身情绪的重要性，甚至将这一点置于其他行动之前。哲学家康德认为，如果我们对于身边发生的事情没有充分的洞察和理解，即使这种情况导致了我们的困扰，我们也注定不会胜过别人或是取得成功，生活就会变成“比黄粱一梦还要空虚”。

然而，觉察并非最终目标。觉察是通向最终目标的途径，真正的奥秘在于：觉察能导致敬畏。

“敬畏是一种情绪，我们似乎只能在短期忍受较小剂量的程度，但对于敬畏对象的思考却能持续一生。”皮尔索博士写道。正如艾莉森所经历的那样，敬畏是一种既美妙又可怕、既美丽又丑陋、给人以力量却又让人畏惧的情感综合体，正是这个奇迹让她得以走出风雨、坚持到今天。敬畏加强了我们建立联系的需要，不仅仅是和那些引发我们敬畏之心的对象，同时还有其他内容，用皮尔索博士的话说，“承诺和他人以及这个世界建立更友爱、关心、值得保护的关系”。这就是提升的意义，它不仅仅是敬畏带来的瞬间经验，也是保持敬畏的实际行为。

我在父亲定罪之后第一次去监狱拜访他时，突然意识到一个残酷的现实：我再也没有父亲了；另外，跟他实际上犯下的罪相比，许多真相还未被揭开。这些想法使我感到震惊。这些事件依然在我心中盘桓不去，仿佛是一个转折点，也伴随着一种可怕的感觉，我认为他所犯的谋杀，使得我和这些受害者家庭产生了关联。我们总是说我们都联系在一起，但我知道自己和这些女子有联系是因为我父亲的手上淌着她们的鲜血。直至多年以后，这种令人敬畏的感受依旧在我身边，影响着我。

决定充满敬畏地去生活相当于选择了困难模式，但选择敬畏让我意识到，现在开始我没有了父亲、只身一人，正式对自己负责。我的父亲将永远离开我的生活，不能为我提供任何东西了。他再也不会、再也不能掩护我，让我远离恐惧和自身问题，或者做我的保护者。这是令人恐惧的解放，是敬畏所带来的悖论。我的生活只能由自己掌握了。我如今独自一人，但我可以决定自己的生活。敬畏让我体会悲伤，并学会放手。如果说这种敬畏只是肤浅的情感，那我可能已经沉浸于终日祈望中无法自拔。祈望事情发生变化，祈望这一切都是妄想。

情绪（emotion）意味着“运动中的能量（energy in motion)”。我们的感觉就是让我们向前或向后行驶的能量引擎。无论你的敬畏来源于哪里，是像皮尔索博士那样，在他三十五岁的儿子自杀以摆脱脑瘫的痛苦之后，他怀抱着儿子的尸体时所经历的体验，或者是在看到彗星之后将你和你自己的天文学兴趣相连接，敬畏都是唯一真实的力量，仅有这一种情感，能够揭示这些可怕损失所带来的教训。

对敬畏的反应是我们从衰老到繁荣最有力的方式之一。心理学家们将“繁荣”定义为：无论发生什么，都能以人类功能的最佳状态进行生活。

当我们到达这个状态时，我们便真正获得了完整。

致　谢

我衷心感谢我的共同作者米歇尔·马特里西阿尼（Michele Matrisciani），她的才华和智慧在每一页中都得到了呈现。通过这些年的共同研究和语音电话，我们得以相互深入了解，这实在是很美好的经历。如果没有你的无私奉献和精诚合作，就不会有今日这部作品！

感谢罗德尔（Rodale）的编辑部大家庭。我非常有幸能和这些出色的人合作，共同分享米歇尔和我对于这本书的热情。谢谢蕾雅·米勒（Leah Miller），你给我提供了宝贵的编辑指导；感谢詹妮弗·莱维斯克（Jennifer Levesque）、盖尔·冈萨雷斯（Gail Gonzales）、霍普·克拉克（Hope Clarke）；感谢卡罗尔·昂斯塔特（Carol Angstadt），谢谢你给本书设计了美丽的封面；感谢苏珊·特纳（Susan Turner）、辛迪·伯纳（Sindy Berner）、安吉·贾马里诺（Angie Giammarino）和麦克米伦（Macmillan）团队。

感谢我的经纪人玛丽莲·艾伦（Marilyn Allen）。据说人们会以你对待他们的方式记住你，而玛丽莲平时总是无条件地给予爱的肯定和支持，她便是这句话的最好印证。

感谢我心爱的家人：我的孩子阿斯彭（Aspen）和杰克·摩尔（Jake Moore）。感谢我们生命中遇见的美妙女性：我的母亲萝丝（Rose），妹妹嘉莉·杰斯帕森（Carrie Jesperson），婆婆琳达·摩尔（Linda Moore）和嫂子罗莉·卢克哈巴（Lori Ruckhaber）。感谢我的丈夫山姆（Sam），他一直以来都是我的啦啦队长、也是我的忠诚支持者。他始终认为我很棒，我也很高兴他居然那么好骗。感谢丹（Dan）和摩尔（Moore）全家。感谢杰斯帕森（Jesperson）全家：贝蒂（Betty）、莱斯（Les）、莎伦（Sharon）、布拉德（Brad）、布鲁斯（Bruce）、吉尔（Jill）和杰森（Jason），你们在危机时期仍能保持尊严的典范。

感谢支持我的朋友以及我的家人们，感谢你们在我写作《爱的重建》一书过程中予以的支持：沙丽斯·科克斯（Shalise Cox）、安德瑞拉·罗斯坦（Andrea Rothstein）、珍·安东内利（Jen Antonelli）、塔尼亚·艾伦（Tania Allen）和安柏·哈里斯（Amber Harris）。感谢你们阅读我的书稿，支持我将我的工作进行推广，并鼓励我为了自己的真正目标建立信念。

感谢我在A&E网络的支持者们：劳拉·弗洛里（Laura Fleury）、詹妮弗·瓦格曼（Jennifer Wagman），感谢你们允许我为受连续性暴力犯罪所影响的家庭打造一个平台，并得以消除犯罪者家庭身边的污名和沉默。其中一些家庭的故事在本书中有进行分享。

感谢华纳兄弟（Warner Brothers）、丽莎·格雷戈里奇（Lisa Gregorisch）、杰里米·斯皮格尔（Jeremey Spiegel）和斯科特·埃尔德里奇（Scott Eldridge）。感谢你们让我有机会前往美国各地和那些家庭见面，让他们得以分享自己的遭遇。感谢帕特·拉拉马（Pat LaLama）和安德里亚·艾索姆（Andrea Isom），你们是我最棒的导师和榜样。

特别感谢莉萨·索洛维（Lisa Soloway），约瑟夫·迪亚兹（Joseph Diaz），张居居（JuJu Chang），ABC电视网的埃里克·斯特劳斯（Eric Strauss）。非常感谢斯坦西·安（Stacy Ann），凯特雅·戈尔伯格（Katya Golberg）和梅美特·奥兹（Mehmet Oz）博士。

最后，感谢所有分享故事的勇敢家庭。

梅丽莎·摩尔

首先，我衷心感谢我的共同作者梅丽莎·摩尔，她给我的工作带来了许多的启发、使它变得如此充实。过去三年来，我们通过视频电话分享了许多泪水和欢笑，也获得了许多灵感，这些内容都被印在了本书的书页之中。梅丽莎，对于你在工作和生活中为我带来的快乐，我怎么感谢都不为过。感谢你对这个世界贡献一切，拥抱你，千千万万次。

我想感谢纽约格伦湾的格伦湾图书馆的所有工作人员，当我在那里查找书籍时，你们不仅让我感到宾至如归，并且给我提供了数不胜数的研究书籍并协助我进行筛选。感谢玛丽莎·李·达米阿诺（Marissa Lee Damiano）和艾米·蒙德罗（Amy Mondello），她们特别乐于助人、格外热情和开朗。图书馆很棒！

感谢我们的经纪人，艾伦·欧西亚文稿代理商（Allen O'Shea Literary Agency）的玛丽莲·艾伦。几年前我接到她打来的电话时，我就爱上她了，我现在仍旧爱着她！玛丽莲，谢谢你如此真诚、愿意支持和充满乐趣！

感谢罗德尔出版公司全体成员，他们都是才华横溢、乐于奉献的人，特别是我的一直以来的好伙伴和前隔壁室友，马克·韦恩斯坦（Mark Weinstein），是他确保了我们的提案送到了合适的人手里！他将其交给了蕾雅·米勒，代表我们和后者分享了对这本书的看法，并始终大力推荐这本书。谢谢你信任这本书、也谢谢你信任我们！

感谢罗德尔团队的其他成员：编辑助理安娜·库珀伯格（Anna Cooperberg），主编珍妮弗·莱维斯克，出版商盖尔·冈萨雷斯，我们一丝不苟、不知疲倦的高级项目编辑霍普·克拉克，公关部的苏珊·特纳，市场部的辛迪·伯纳和安吉·贾马里诺，以及麦克米伦销售团队。并要特别感谢卡罗尔·昂斯塔特，她以绝赞的封面和页面设计让我们感动得热泪盈眶。真是才华横溢！

每个工作日的工作开始前，我都会打电话给我的同事兼好友、知名编辑和作家卡罗尔·罗森伯格（Carol Rosenberg），他总是耐心听我诉说，在这本书的写作过程中，他是最亲密的听众。

感谢我的导师，才华横溢的小说家奥利维亚·拉普里奇（Olivia Rupprecht），她鼓励我、让我在需要一名经纪人的时候及时做出决断，她帮我战胜不安并一直培在我身边。谢谢你教我如何写作。

感谢作家朱莉·麦克卡隆（Julie McCarron），你是我最后的灭火器，我总喜欢找你煲电话粥，你也因此救了我很多次。我欠你的情是永远还不清了。

为了这个重要的项目，有时需要做出牺牲，我的家庭，包括核心家庭和大家族一直在我背后、帮我理解这一切。感谢马特里西阿尼一家，特别是罗伯特（Robert）和塞布丽娜·马特里西阿尼（Sabrina Matrisciani）以及我的表弟雪瑞（Sheri）；感谢罗蒂诺（Rottino）一家、皮亚杰（Piazza）一家，克里斯蒂娜（Christina）和鲍比·瓦力格（Bobby Wahlig），感谢你们在我专心写作时陪伴在我身边。感谢你们帮助我坚持自己的真正目标。

若是没有很好的照顾者，一个工作在身的母亲恐怕很难兼顾事业和家庭。感谢我们的保姆利兹·洛特（Liz Lottes）。你让我的生活得以井井有条！同时也谢谢你，史蒂芬·耶林（Steven Yellin）。

感谢我的所有新老朋友，包括年少时和我一起在校园里玩的人，也包括现在站在我身边一起看着我们的孩子们在操场上玩耍的人，感谢你们能够如此毫无保留地分享自己“化零为整”的经验。

米歇尔·马特里西阿尼